AF450086

Collana Highlander
Vita di Gesù
di Georg W.F. Hegel
Prima ristampa: luglio 2023
© *2023*, Edizioni Clandestine

Edizioni Clandestine
Via Fabio Filzi, 3
Cinisello B. Milano 20092
340.9481047
www.edizioniclandestine.com

Edizioni Clandestine è un marchio di proprietà del Gruppo Editoriale Santelli
www.grupposantelli.it

Titolo originario: Das Leben Jesu
Traduzione di Christian Kolbe

Georg W.F. Hegel

VITA DI GESÙ

INTRODUZIONE
"VANGELO" DEL GIOVANE HEGEL FRA KANTISMO E ROMANTICISMO

1. IL RAZIONALISMO RELIGIOSO MODERNO

Nell'Inghilterra dei primi decenni del '600, in un'età di tensioni politiche e religiose che sarebbero presto sfociate in una drammatica guerra civile fra monarchici anglicani, parlamentari puritani, calvinisti scozzesi e cattolici irlandesi, il padre del deismo, Herbert di Cherbury, formulava l'assunto fondamentale del razionalismo religioso moderno: al di là delle religioni "positive" (le religioni istituzionali, "poste" sulla base di divine rivelazioni, vere o presunte) la nostra mente reca già in sé un certo numero di verità innate ("notitiae communes"), patrimonio morale-religioso comune all'intera umanità (*De veritate*, 1624). La tesi non era certo nuova nella storia del pensiero, risultando dalla rielaborazione di temi platonici (come l'innatismo) e, soprattutto, stoici (la dottrina dello "ius naturae"), ma era rilanciata in un contesto nuovo, in un'età ancora impegnata nei conflitti religiosi ma già sul punto di aprirsi alla prospettiva razionalistica dei Lumi. La prima verità innata della ragione, dichiarava Herbert, è che si dia un "supremum aliquod Numen", un Sommo Essere da cui ogni esistenza ha origine e dipende; la seconda, sua immediata conseguenza, è che "supremum istud Numen debere coli": che il cuore umano inclini naturalmente alla venerazione di questo Essere; e poiché tale Essere è, in quanto "Sommo", Virtù e Bontà assolute, ne segue immediata la terza verità: il suo "culto", che si celebra nell'intimo di ciascuno prima che in ogni atto esteriore, è coltivare la virtù, supremo comandamento morale-religioso iscritto nel nostro cuore: "Probam facultatum conformationem praecipuam partem cultus divini semper habitam fuisse" ("La virtuosa disposizione delle nostre facoltà è stata sempre stimata la parte fondamentale del culto divino"). Seguono, quale corollario, le altre verità: "Vitia et scelera expiari debere ex poenitentia", vizi e delitti reclamano nel nostro cuore pentimento ed espiazione; "Esse premium vel poenam post hanc vitam transactam": nessuna azione umana, buona o malvagia, cade invano, ma porta con sé un frutto nell'eternità, poiché la vita della persona razionale (del suo "spirito") va ben oltre la morte del corpo, continuando in una dimensione che può restarci ignota ma in cui è certo che gioia e dolore ("premi" e "pene") saranno distribuiti in ragione delle virtù e dei vizi coltivati: che le nostre scelte e le loro conseguenze non sottostiano ad un "ordine morale" del mondo è infatti idea incompatibile col concetto dell'Essere Sommo ("L'opinione che il mondo non abbia un significato morale è il più grande, il più funesto, il più fondamentale errore, la vera perversione del sentimento", dirà Schopenhauer). Gli uomini hanno talenti intellettuali diversi, ma il comando divino, afferma Herbert, si fa sentire in tutti egualmente come un "istinto naturale", "somma certezza" alla base dei giudizi morali, reclamando quel consenso universale che è l'unica, vera "cattolicità": autentica *religione universale*, sotto qualsiasi cielo vivano i popoli e quali che siano le credenze e i costumi particolari.

Variamente formulato e arricchito di nuovi motivi, quest'insieme d'idee, nocciolo del "deismo", attraversa tutta la cultura sei-settecentesca ed è ancora alla base della *Vita di Gesù* (*Das Leben Jesu*, 1795) del giovane Hegel. La religione dell'Età dei Lumi vuole essere un'esperienza tutta interiore, viva e sentita, "privata" prima che espressa in forme collettive e ritualistiche, fieramente avversa ad ogni "superstizione" e ad istituzioni dogmatiche e repressive, giudicate creazioni puramente umane che pervertono la voce della "ragione" in noi. Si tratta di una vasta corrente di pensiero fortemente pubblicizzata nel '700 dai *philosophes*, gli "intellettuali" impegnati dell'Illuminismo, che assunse nei confronti del cristianesimo atteggiamenti più o meno radicali: dall'ironia sui miracoli (Blount[1]), all'affermazione che il Vangelo, spogliato dalle letture "ecclesiastiche", non contenga in sé nulla di superiore alla ragione (Shaftesbury, Locke), e che, anzi, i suoi principi coincidano con quelli della religione "naturale" o "razionale", distinguendo per conseguenza fra il cristianesimo evangelico e le successive mistificazioni ecclesiastiche (Toland[2]); all'attacco aperto a ogni presunta "rivelazione" divina e alle religioni positive che su di essa pretendono di fondarsi (Tindal), all'affermazione che la creazione della chiesa cristiana sia dovuta non a Gesù, ma ai suoi discepoli, che ne finsero la resurrezione e lo proclamarono "Messia" (Reimarus[3]); alla secca accusa di "impostura" della letteratura libertina, che mette insieme Gesù, Maometto e Mosé come "i tre grandi impostori" dell'umanità. Dopo le guerre di religione che avevano infuriato in Europa dalla pace di Augusta alla pace di Westfalia, in quello che fu battezzato "il secolo di ferro" (1555-1648), germogliava nel '600 il moderno razionalismo religioso, che i *philosophes* dell'Illuminismo avrebbero provveduto a diffondere nel senso comune colto. Il grande sconfitto dell'età Lumi, è stato detto con buona ragione, fu la Chiesa, che ancora solo un secolo prima aveva piena facoltà di accendere roghi. È

---

1 Traducendo (1680) la vita di Apollonio di Tiana di Filostrato, Ch. Blount la corredava di note pungenti che irridevano i miracoli di Apollonio e, non meno, i miracoli attribuiti ai santi del cristianesimo e allo stesso Gesù.

2 Discorse of the Grounds and Reasons of the Christan Religion, 1724.

3 L'importante scritto del Reimarus (1694-1768), Apologia di coloro che adorano Dio secondo ragione, appare dopo la sua morte ad opera del Lessing nel 1774. Del 1754 è invece il Saggio sulle principali verità della religione naturale. L'unica rivelazione ammissibile è, per Reimarus, quella universale della ragione. Interventi miracolosi di Dio nella storia sarebbero incompatibili col principio della perfezione divina.

un mutamento epocale nella storia della coscienza europea, che altre culture del nostro mondo globalizzato non hanno affatto vissuto, da cui quell'incomunicabilità di prospettive che così facilmente, e a torto, ci fa stupire dinanzi alle aberrazioni del fanatismo religioso, dimentichi della lunga e tormentata vicenda della nostra storia occidentale.

2. LA LEZIONE KANTIANA

La tematica del deismo, nella sua dirompente forza critica nei confronti delle religioni istituzionali, perviene al giovane Hegel soprattutto attraverso la formidabile lezione kantiana de *La religione nei limiti della sola ragione* (1793), le cui tesi centrali costituiscono l'impalcatura teorica del *Leben Jesu*. Alla "fede ecclesiastica statutaria" o "fede storica", con i suoi dogmi e obblighi la cui legittimazione è fatta discendere dal presunto "fatto" storico di una rivelazione divina, Kant oppone la "fede religiosa pura", il cui fondamento è nella nuda ragione di ogni essere umano, e che perciò non abbisogna di alcuna rivelazione, la quale anzi sarebbe incompatibile con la libertà della persona razionale. Solo tale fede può pretendere alla "cattolicità", ovvero all'universalità, afferma Kant riprendendo un assunto che da Herbert in poi era circolato attraverso un secolo e mezzo di "illuminismo" religioso: "*La fede religiosa pura* è veramente quella che sola può fondare una chiesa universale, perché è semplice fede della ragione, tale da poter essere comunicata a tutti con forza persuasiva; mentre una *fede storica*, semplicemente fondata su fatti, non può estendere la sua influenza al di là del limite cui possono giungere le notizie per rendere possibile un giudizio sulla sua credibilità"[4]. La "fede storica" degrada la divinità a un qualunque "signore di questo mondo" che abbia bisogno "di essere onorato dai suoi sudditi e lodato con segni di sottomissione", che detti loro il suo

---

4 I. Kant, La religione entro i limiti della sola ragione, ed. it. a cura di A. Poggi, Guanda, Parma 1967, pp. 193-194.

"credo" e ne richieda il "servizio", promulgando le leggi dell'obbedienza e del culto: "La fede di una religione di culto è una fede da schiavi"[5]. La sua origine è nella debolezza della natura umana[6], la quale non è certo solo ragione, ma non meno sensibilità e bisogno emozionale, la cui 'educazione' in noi richiederebbe una strenua lotta contro le tendenze inferiori[7]. La vera "chiesa" non è l'insieme delle chiese storiche, con il loro ben "visibile" apparato, ma l'universale "chiesa invisibile" degli spiriti che adempiono al comandamento morale della ragione, unico autentico "regno di Dio", e se gli uomini per la loro debolezza ancora abbisognano di istituzioni ecclesiastiche, la loro ragion d'essere è tuttavia di tendere nel tempo ad una religione razionale pura, gradualmente spogliandosi di ogni aspetto culturale-dogmatico, lasciandosi definitivamente alle spalle lo stadio in cui con empia "temerarietà" si è fatto appello al preteso "fatto" di una rivelazione "allo scopo di porre, con principi ecclesiastici, un giogo sulla moltitudine, sotto il pretesto dell'autorità divina"[8]. Libertà religiosa e libertà politica sono date o tolte insieme: è un tema, questo, che da Spinoza a Locke ai *philosophes* era divenuto un caposaldo della moderna "critica" ai poteri iniqui. In verità, dichiara Kant, "ciascuno può da se stesso, con la sua propria ragione, conoscere la volontà di Dio"[9], la quale non consiste in credenze ed atti particolari ma *nell'unico principio razionale che governa tutti i comportamenti morali*: agisci secondo quella massima che puoi volere valida universalmente, come obbligo per tutti. È, questo, il celeberrimo "imperativo categorico", la "forma" razionale pura a cui ogni comportamento che voglia dirsi "morale" deve conformarsi, quali che siano le circostanze del nostro vivere e agire. La reli-

---

5 Ivi, p. 208. Per contro (ivi, p. 245), "la religione della ragion pura avrà tutti gli uomini ben pensati per ministri, senza che tuttavia siano funzionari", non richiedendo affatto una "gerarchia" ecclesiastica.

6 Ivi, p. 194: "È solo da imputarsi ad una particolare debolezza della natura umana, se non si può mai contare sulla pura fede quanto essa merita, se non si può cioè fondare solo su di essa una chiesa".

7 Ivi, p. 194.

8 Ivi, p. 197.

9 Ivi, p. 195.

gione non ha altro fondamento, né contenuto fuori da quest'unica "volontà divina" scritta nei nostri cuori: "La legislazione morale pura, per mezzo del quale la volontà divina è originariamente scritta nel nostro cuore, forma non solamente la condizione indispensabile di ogni vera religione in generale, ma è anche ciò che propriamente la costituisce"[10]. Il vero "culto", aveva dichiarato Hebert, è l'obbedienza al comandamento morale, poiché solo in tal modo Dio vuole essere "onorato". Così, per Kant, l'evangelico "Sia fatta la Tua volontà" ha precisamente questo senso: "Dunque *non coloro che dicono: Signore! Signore!, ma coloro che fanno la volontà di Dio*' [Mt. 7,21]; non coloro perciò che cercano di diventare graditi a Dio mediante la sua glorificazione (o del suo inviato in quanto essere di natura divina) secondo concetti rivelati, che non ogni uomo può avere; ma coloro che cercano di compiacere a Lui con la loro buona condotta, relativamente alla quale ognuno conosce la volontà di Dio, costoro [...] saranno quelli che a Lui tributano la venerazione giusta che Egli desidera"[11]. Non l'esistenza di Dio e l'immortalità dell'anima, che esulano dalle nostre capacità conoscitive, costituiscono il fondamento della moralità ma, al contrario, è il puro "fatto della ragione" di una legge morale in noi a rinviarci all'idea di Dio, quale principio e garanzia di un ordinamento morale dell'esistenza, e dell'immortalità dell'anima, perché possa tendere indefinitamente oltre l'esistenza terrena alla perfezione morale: è la nostra destinazione al "regno di Dio" della pura "ragione", in cui felicità e virtù coincideranno, un "regno" che non è da attendere a braccia conserte, ma verso cui ogni comunità deve indirizzare i suoi sforzi. L'insegnamento di Gesù è per Kant, nella sua sostanza, un insegnamento etico, imperniato sul comandamento della pura ragione, unica "prova morale" dell'esistenza di Dio e dell'immortalità dell'anima, reclamandoli quali "postulati"; un insegnamento che fa appello alla nostra libertà razionale, affrancandoci dal servilismo delle religioni istituzionali e dei poteri che vi si fondano. La purezza morale che Gesù incarnò fra gli uomini nel grado

---

10 Ibid.

11 Ivi, p. 196.

più alto lo rende per noi "l'uomo Dio" o, piuttosto, l'"apparizione fenomenica" del divino che è in ogni uomo, modello nel tempo e nello spazio storico dell'ideale dei "figli di Dio", gli spiriti razionali uniti sotto il segno della moralità. La venerazione del "Dio-figlio" quale "oggetto della fede santificante" non ha dunque altro senso dalla nostra aspirazione a questo modello, che resta in questa vita puro ideale, ma produttivo di realtà, spronandoci a essere migliori: "Nell'apparizione fenomenica dell'uomo-Dio, quel che propriamente costituisce l'oggetto della fede santificante, non è ciò che in lui colpisce i sensi, o ciò che può essere conosciuto con l'esperienza; ma il modello ideale riposto nella nostra ragione dietro questo uomo-Dio (perché, per quanto se ne può apprendere dal suo esempio, esso è trovato conforme a questo modello); e questa fede è identica al principio di una condotta che piaccia a Dio"[12]. Il Gesù di Kant è un riformatore etico-religioso, maestro tutto umano di virtù, e quanto di miracoloso vi è nelle narrazioni evangeliche va senz'altro riconosciuto come elemento *mitologico*, da intendersi in senso simbolico-allegorico. La questione delle origini storiche del cristianesimo e della complessa formazione della letteratura neotestamentaria è da Kant accantonata, mentre la specifica attenzione riservata agli insegnamenti evangelici (nella loro sostanza non altro che "insegnamenti della ragion pura"[13], nocciolo di una "religione naturale" a cui è stato in seguito surrettiziamente aggiunto l'elemento "rivelato"[14]) si limita a poche pagine basate principalmente sul vangelo di Matteo, talvolta oggetto di esegesi forzosa e povera[15]: è lo scotto che una lettura tutta "razionalistica" del magistero di

---

12 Ivi, p. 212.

13 Ivi, p. 251.

14 Ivi, pp. 248-249.

15 Ivi, p. 251 segg. Kant non manca di esprimere riserve sugli insegnamenti di Gesù, come ad es. sulla promessa di una ricompensa futura per chi segua la volontà di Dio, che dimostra come Gesù si sia espresso in qualche caso "senza dubbio più prudentemente che eticamente" (ivi, p. 254). Che il "regno dei cieli" sia poi "rappresentato non solo come ciò che si avvicina, certo molto lentamente in alcune epoche, pur senza mai arrestarsi, ma anche come ciò che sta per avvenire", è senz'altro da interpretarsi "come una rappresentazione simbolica, tendente solo a ravvivare maggiormente la speranza, il coraggio lo sforzo per giungere a questo regno" (ivi, p. 228), in realtà puro ideale della ragione..

Gesù deve pagare per essere coerente. La morte drammatica di Gesù è da Kant spiegata come l'inevitabile conseguenza dello scontro di un maestro autentico di religione (di "fede razionale pura") con una tradizione, quella ebraica, legalistica e "politica", che fa di Dio il "reggente temporale" di un ordinamento politico teocratico, nient'affatto "morale" nella sua sostanza: "Il giudaismo non è propriamente una religione, ma solo una riunione di una moltitudine di uomini che, appartenendo ad una razza particolare, si diedero la forma non di una chiesa[16], ma di una comunità retta da leggi solamente politiche, la quale doveva essere piuttosto uno stato puramente temporale, tale che, se si fosse poi smembrato per casi sfavorevoli, rimanesse pur sempre al giudaismo la fede politica (che gli appartiene essenzialmente) di restaurarlo certamente un giorno (colla venuta del messia)"[17]. L'ebraismo va riconosciuto per quel che è, ossia "una costituzione politica che ha per base una teocrazia, sotto la forma visibile di un'aristocrazia di preti o di capi che si vantano di istruzioni ricevute immediatamente da Dio"[18]. *Che nella stessa storia del cristianesimo* sia presto emersa la tendenza ad un'involuzione "giudaizzante" e "politica" della pura "fede religiosa" che Gesù volle in realtà insegnare, è il chiaro e duro sottinteso di questa critica all'ebraismo.

3. IL CLIMA STORICO-SPIRITUALE DEL LEBEN JESU

Nel collegio teologico luterano di Tubinga, frequentato negli anni 1788-1793 e in cui ebbe come condiscepoli ed amici il grande poeta romantico Hölderlin e il filosofo Schelling, il giovane Hegel manifestava tutta la sua insofferenza nei confronti dell'insegnamento teologico tradizionale e delle "piccole signorie" dei

---

16 Di una comunità religiosa autentica, fondata sulla moralità

17 Ivi, pp. 218-219.

18 Ivi, p. 219.

docenti che ne occupavano le cattedre, fino a scontare nel solo anno 1790 ben diciotto punizioni per l'indolenza provocatoria del suo comportamento di studente. Sono anni di letture entusiastiche, fra cui Rousseau, Lessing, Herder, Kant e, successivamente, Reinhold, Jacobi, Schiller, Fichte; e sono anche gli anni della rivoluzione francese, i cui eventi travolgenti toccavano profondamente i tre amici, spronandoli ad un coraggioso impegno per il rinnovamento del mondo tedesco. Nel giugno del 1794 il governo di Robespierre, ardente seguace di Rousseau, decretava religione di stato i principi della *Professione di fede del vicario savoiardo*[19]: abbattuto l'ordine dell'antico regime, dei privilegi e della disuguaglianza, dell'oppressione religiosa e politica, il deismo era proclamato la religione della nuova società e Robespierre in persona ne celebrava, in veste di sommo sacerdote laico, la festa dell'Ente supremo (8 giugno 1794). Nel mondo filosofico tedesco, più provinciale ma aperto da tempo all'illuminismo, era apparsa nel 1785 la *Fondazione della metafisica dei costumi*, insieme alla *Critica della ragion pura* pratica l'opera di maggior impegno di Kant sul tema etico; e nel 1793, anno in cui Hegel si addottorava in teologia impiegandosi come precettore a Berna nella nobile famiglia von Steiger, compariva *La religione entro i limiti della sola ragione*, subito colpita dalla censura prussiana, in cui il tema religioso era affrontato da Kant alla luce dei presupposti svolti nei precedenti scritti sul fondamento della moralità. *La Vita di Gesù* (*Das Leben Jesu*), così profondamente segnata dalla lettura di Kant da essere stata giudicata non più che un manifesto "ideologico" del kantismo, è scritta dal venticinquenne Hegel a Berna nel trimestre maggio-luglio 1795, quando parte del mondo filosofico tedesco, e gli amici Hölderlin e Schelling, si accendevano di entusiasmo per la filosofia di Fichte (la *Critica di ogni rivelazione* appariva nel 1792, i *Fondamenti dell'intera dottrina della scienza* nel 1794), già tutta compresa nel nuovo clima

---

19 In J.J. Rousseau, *Émile*, I, IV. Vi si affermano i capisaldi del deismo di Rousseau (l'esistenza di un Ente sommo, principio e motore dell'universo, di un ordine intelligente della natura, di una volontà libera nell'essere umano, dell'immortalità dell'anima), ritenuti principi universali a cui si perviene attraverso il sentimento, voce spontanea della "natura" in noi, più che attraverso la ragione, che approda piuttosto all'agnosticismo.

romantico di fine secolo, ben distante dalla prospettiva illuministica kantiana, che a Hegel sembrava ancora la filosofia più idonea a rivoluzionare il fariseismo del mondo cristiano-borghese tedesco. Risalgono al periodo bernese alcune importanti lettere a Schelling, più giovane di cinque anni e ancora a Tubinga, viva testimonianza del clima spirituale di quegli anni. In una lettera del dicembre 1794 così Hegel si rivolgeva all'amico a proposito del celebre collegio teologico da essi frequentato, roccaforte dell'ortodossia luterano-prussiana: "Come vanno le cose a Tübingen? Se prima non vi siede in cattedra un uomo come Reinhold o come Fichte, non si cambierà niente. In nessun altro luogo si riproduce così fedelmente il vecchio sistema, e se anche non ha più influenza sulle teste ben salde, s'afferma però sulla maggioranza, nei cervelli meccanici. In considerazione di questi ultimi è molto importante sapere quale sistema e quale spirito ha un professore, poiché sono loro, nella maggior parte dei casi, che propagano e conservano tale sistema"[20]. E ancora più impietosamente, in una lettera del gennaio successivo: "Non si può scuotere l'ortodossia, finché la sua professione, così legata ai vantaggi temporali, resterà strettamente intrecciata all'organismo di uno Stato. Un tale interesse è troppo forte perché possa essere abbandonata presto, ed esso inoltre agisce senza che se ne sia nell'insieme chiaramente coscienti. Finché dura, l'ortodossia avrà al suo servizio tutta la truppa, sempre più numerosa, dei servili ripetitori di preghiere, o di scribi privi di pensiero e di più alti interessi. Se un membro di questo gregge legge qualcosa che va contro le sue convinzioni (se si vuol dar l'onore di chiamare così il suo commercio di parole), e ammesso che avverta qualcosa della verità ivi contenuta, allora verrà a dire: sì è proprio vero, poi andrà a dormire, e l'indomani berrà il suo caffè e ne verserà ad altri come se niente fosse stato. Per il resto s'accontentano di quanto vien loro offerto e di ciò che li mantiene nell'andazzo usuale elevato a sistema"[21]. Come Gesù scacciò i mercanti dal tempio così, continua Hegel, bisognerebbe, dando voce sempre più forte alle nuove

---

20 G.W.F. Hegel, *Lettere*, ed. it. a cura di E. Mirri, Laterza, Bari 1972, pp. 5-6.
21 Ivi, pp. 8-9.

idee, "render loro tutto più difficile, scacciarli a colpi di frusta da tutti gli angoli in cui si rifugiano, finché non ne trovino più uno e siano costretti a rilevarsi nella loro completa nudità alla luce del giorno"[22]. I tempi sono ormai maturi perché non sia più così facile per le autorità soffocare le nuove idee: "Credo sia arrivato il momento di esprimersi più liberamente, e in parte già lo si fa e lo si può fare"[23]. Sembra ai due giovani che sia in atto uno straordinario mutamento delle coscienze: Kant ha aperto nuove vie alla filosofia, avviando una vera e propria "rivoluzione"; Reinhold, Fichte, e lo stesso amico Schelling[24] ne stanno portando più in alto il pensiero; in particolare, la *Fondazione dell'intera dottrina della scienza* di Fichte sembra ai tre amici perfezionare il kantismo fino a rivelare il divino dentro l'uomo[25]: Dio-*Soggetto* o "Io assoluto" interiore allo spirito, anziché Dio-*Oggetto*, che gli sia esterno e a cui si volga in soggezione e obbedienza, e poco importa che questa dottrina debba restare inadatta alla mentalità dei più: "Dal sistema kantiano e dal suo più alto perfezionamento prevedo in Germania una rivoluzione che partirà da principi già esistenti, i quali, dopo una generale rielaborazione, richiedono soltanto di essere applicati a tutto l'attuale sapere. Certo, sussisterà sempre una filosofia esoterica, e l'idea di Dio come Io assoluto ne farà parte integrante"[26]. Se Kant ha additato nella ragione il fondamento della moralità e della religione, negando che lo si possa cercare in una rivelazione divina, *fuori* di noi, Fichte ha più arditamente affermato che *l'Assoluto è interiore al nostro stesso spirito*, e che la libertà e la conquista dell'immortalità consistono

---

22 Ivi, p. 9.

23 Ivi, pp. 3-4.

24 Che nel 1795 pubblicava Sulla possibilità della forma di una filosofia in generale, in cui svolgeva temi kantiani e fichtiani.

25 Su Fichte, di cui Schelling si dichiarava entusiasta e che a Hölderlin appariva "un titano che combatte per l'umanità" (ivi, p. 11), il giudizio di Hegel è negativo per quanto riguarda La critica a ogni rivelazione, che gli sembra ricadere nella "vecchia dommatica" (ivi, p. 10), ma si dimostra attento ai risultati dei Fondamenti dell'intera dottrina della scienza, che annuncia a Schelling di voler studiare a fondo nell'estate dello stesso anno (ivi, p. 16), i mesi in cui scrive il Leben Jesu.

26 Ivi, p. 13.

nella tensione dello spirito finito alla sua propria realtà ultima[27]. È questa, per il giovane Hegel, una eccezionale conquista della coscienza umana, una rivoluzione incipiente che ci libererà presto dal giogo del dispotismo religioso e politico: "Si proveranno le vertigini dinanzi a questa somma altezza d'ogni filosofia, mediante la quale l'uomo s'è elevato tanto in alto [...]. Credo che non ci sia miglior segno dei tempi di questo: che l'umanità è rappresentata come degna di stima in se stessa; una dimostrazione questa che l'aureola che circondava il capo degli oppressori e degli dèi della terra dilegua. I filosofi dimostreranno questa dignità, i popoli impareranno a sentirla e non si contenteranno più di esigere i loro diritti finora calpestati nella polvere, ma essi stessi li riprenderanno e se ne approprieranno. Religione e politica hanno fatto di nascosto lo stesso gioco: la prima ha insegnato ciò che il dispotismo voleva, il disprezzo per il genere umano, l'incapacità di esso a raggiungere un qualsiasi bene e a rappresentare qualcosa per sé solo. Con la divulgazione delle idee che dimostrano

---

27 In una lettera a Hegel di fine gennaio 1795, così Hölderlin, che seguiva a Jena, dove era anch'egli precettore privato, le lezioni di Fichte, riassume l'intuizione centrale dei Fondamenti dell'intera dottrina della scienza: "Il suo Io assoluto [...] contiene ogni realtà: esso è tutto e fuori di esso non c'è nulla. Per questo Io assoluto non c'è nessun oggetto perché altrimenti non rientrerebbe in esso ogni realtà" (ivi, p. 11). E Schelling, sullo stesso tema, in una lettera d'inizio febbraio a Hegel, che non ha avuto ancora modo di studiare i Fondamenti dell'intera dottrina della scienza ma che si ripromette di farlo in estate: "La filosofia deve prendere le mosse dall'incondizionato. Si tratta però di vedere dove risiede questo incondizionato, se nell'Io o nel non-io: se questa questione è risolta, è risolto tutto il resto. Per me il supremo principio di ogni filosofia è l'Io puro, assoluto [...]. Non c'è per noi alcun mondo spirituale all'infuori di quello dell'Io assoluto. Dio non è altro che l'Io assoluto. [...] Non c'è alcun Dio personale e il nostro sforzo supremo è la distruzione della nostra personalità, il trapasso nella sfera assoluta dell'essere, che tuttavia non è possibile che nell'eternità. Da ciò deriva la possibilità di un avvicinamento soltanto pratico all'assoluto – che è l'immortalità" (ivi, p. 14). Ricordiamo che per Fichte principio primo dell'essere e del sapere è l'Io puro, incondizionato, che da sé si "pone" come assoluta libertà. Il mondo delle coscienze e delle realtà finite risulta dall'autolimitazione del principio supremo, che a sé oppone il "non-io", l'oggettività o mondo fisico, nient'altro che una proiezione immaginativa "inconscia" dell'Io stesso, da cui risulta il mondo delle coscienze finite (Schelling, nella stessa lettera: "L'assoluto comprende una sfera infinita dell'essere assoluto; in questa si formano sfere finite che traggono origine dalla limitazione della sfera assoluta", le coscienze particolari o i nostri "io" finiti). A "Dio come principio assoluto è sostituito lo Spirito (coscienza, soggettività, vita), la più intima realtà del nostro stesso spirito finito ("Io assoluto" dentro l'io finito), a cui tendiamo indefinitamente nell'esercizio morale della libertà.

come ogni cosa deve essere, sparirà l'indolenza della gente posata, disposta ad accettare eternamente tutto per come è. Questa forza vivificante delle idee [...] esalterà gli spiriti che impareranno a sacrificarsi per esse, mentre al presente lo spirito delle costituzioni ha fatto lega con l'egoismo personale, fondando su di esso il proprio regno"[28]. Abbattuto il fantoccio di un Dio-Oggetto esterno allo spirito, al "regno" oscurantista del dispotismo subentrerà il "regno di Dio" della moralità e della libertà, la "chiesa invisibile", non più istituzionale e legata ai governi, dell'umanità rinnovata: "Venga il regno di Dio, e le nostre mani non restino inerti in grembo! [...] Ragione e libertà restano la nostra parola d'ordine e il nostro punto d'incontro la chiesa invisibile"[29]. Il *Leben Jesu*, nella cura letteraria che dimostra, nella sua piana accessibilità e chiarezza quasi divulgativa, volle senz'altro essere un contributo alla 'popolarizzazione' dell'autentico "vangelo" finalmente ritrovato, il vangelo della moralità e della libertà, della ragione umana che si riappropria finalmente di sé.

4. IL LEBEN JESU

"Die reine aller Schranken unfähige Vernunft ist die Gottheit selbst"[30], "La pura ragione, che non ammette limite alcuno, è la divinità stessa": così esordisce *La vita di Gesù* (*Das Leben Jesu*) del venticinquenne Hegel, con un piglio ieratico ben poco kantiano e che riecheggia piuttosto i toni alti della nuova filosofia del romanticismo tedesco. La "ragione" in questione (*Vernunft*), annota Hegel, non è la proprietà esclusiva di una personalità divina trascendente, ma l'essenza stessa dell'umanità[31]; quando sia

---

28 Ivi, pp. 14-15.

29 Ivi, p. 12. La "chiesa invisibile", che non ha bisogno di istituzioni temporali e "visibili", è la nuova comunità degli spiriti finalmente "liberi".

30 G.W.F. Hegel, Das Leben Jesu, ed. a cura di F. Nicolin, in Gesammelte Werke, vol. I, Frühe Schriften, ed. Felix Meiner, Hamburg 1989, p. 207.

31 Cfr. ivi, p. 207, l'annotazione in margine al testo: "Vernunft ist die wesentliche Eigenschaft des Menschen, nicht das Eigenthum enzeler". In questa "Ragione" è evidente l'inse-

considerata nella sua "purezza" ideale, senza limitazione alcuna, pratica o teoretica, è "la divinità stessa" (*die Gottheit selbst*), perfetta "volontà santa" a cui noi, nel nostro limite di esseri finiti e perfettibili, aspiriamo indefinitamente quale "figura ideale" (*Urbild*) della nostra vita morale[32]. L'evidente riferimento è al "Logos" giovanneo, e ciò che segue è un'ardita parafrasi del ben noto prologo del quarto vangelo: "Il piano del mondo è stato ordinato in generale secondo la ragione (*nach Vernunft*)", la quale è sì stata spesso in molte età "oscurata", ma "la tenebra" (*der Finsterniss*) non è mai giunta a spegnerla del tutto, essendosene sempre conservato almeno "un barlume" (ein Schimmer). Il dualismo gnostico giovanneo di luce e tenebra è qui tradotto senz'altro nella lotta dei Lumi contro le barbarie dell'oscurantismo religioso. Giovanni il Battista dapprima, e Gesù poi, figurano quali tragici eroi della Ragione nel rozzo mondo ebraico, fra le plebi oppresse, insegnando che la vera felicità non consiste "nell'essere servitori di un uomo molto in vista", ovvero dei capi politico-religiosi o di Dio stesso, quale "reggitore temporale" di Israele, come si era espresso Kant, ma "nell'aver cura della scintilla divina" che è in noi, che ci dà la testimonianza di "discendere dalla divinità stessa", ovvero d'essere tutti "figli di Dio". La "metanoia" a cui il Battista e Gesù esortano è "conversione" alla "voce del cuore" in noi, alla "ragione" e al suo comandamento, al di là di tutto il legalismo mondano e il "culto spurio" dell'ebraismo. E così il Gesù hegeliano, maestro di kantismo, ammonisce i farisei che lo rimproverano di operare guarigioni di sabato, violando la legge di Mosè: "Se voi stimate i vostri statuti ecclesiastici e comandamenti positivi come la legge suprema che sia stata data all'uomo, disconoscete la dignità dell'uomo e la facoltà in lui di attingere da se stesso il concetto della divinità e la conoscenza della sua volon-

---

gnamento kantiano, ma non meno l'eco delle nuove filosofie romantiche dell'infinito, l'interesse per le quali è testimoniato dalle lettere coeve dell'epistolario hegeliano.

32 Il comandamento evangelico dell'amore è più innanzi così riproposto da Hegel: "Devi amare con tutta l'anima la divinità (Gottheit) in quanto immagine originaria (Urbild) della santità e il tuo prossimo come se fosse te stesso". Con Kant, il "prossimo", quale persona razionale, è sempre "fine", mai solo "mezzo" del nostro agire, e perciò degno di "rispetto", come recita la celebre formulazione dell'imperativo categorico.

tà; chi non onora in sé questa facoltà, non onora la divinità. Ciò che l'uomo può chiamare il suo io, ed è sublime al di là della tomba e della putrefazione e determinerà da sé quale compenso ha meritato, è capace di giudicare se stesso: esso si annuncia come ragione, la cui legislazione non dipende altrimenti da nient'altro, alla quale nessun'autorità sulla terra o in cielo può fornire un altro criterio di orientamento. [...] Ma come potreste voi far valere la ragione come criterio supremo del sapere e della fede, dato che non avete mai percepito la voce della divinità, non avete mai prestato attenzione al risuonare di quella voce nei vostri cuori?" E alla samaritana, annunciandole l'autentico "culto" di Dio nel progresso dell'umanità verso "il regno dei cieli", da intendere come l'ideale "repubblica" degli spiriti obbedienti alla legge morale: "Verrà il tempo, e in realtà è già qui, in cui gli autentici adoratori di Dio venereranno il padre universale nel vero spirito della religione – poiché soltanto questi gli sono graditi – lo spirito in cui regna solo la ragione e il suo fiore: la legge morale, su cui solamente deve essere fondata l'autentica venerazione di Dio". E la legge morale, il "fiore della ragione", è da Gesù enunciata in termini fedelmente kantiani, parafrasando arditamente il ben noto passo evangelico: "Agite secondo quella massima, della quale potete volere che, in quanto legge universale degli uomini, valga anche per voi. Questo è il principio fondamentale della moralità, il contenuto di ogni legislazione e dei libri sacri di tutti i popoli"[33]. Il Gesù del *Leben Jesu* non ricorre ai miracoli e duramente apostrofa chi gli chiede "una qualche straordinaria apparizione eterea come convalida del suo insegnamento", invitando piuttosto a prendere atto dei "segni del presente", i quali attestano che "nell'uomo si sono destati bisogni più alti, che la ragione si è risvegliata", e alla ragione, che ha in sé il suo comandamento, ripugna il miracolo come preteso fondamento di verità morali o religiose. I due "sacramenti" evangelici, il battesimo e l'eucarestia, sono risolti in mero simbolismo: il battesimo, spiega Hegel,

---

33 Mt 7,12: "Tutte le cose dunque che voi volete che gli uomini vi facciano, fatele anche voi a loro: poiché questa è la legge e i profeti". Già Kant aveva accostato l'insegnamento evangelico in questione all'imperativo categorico.

non è che "un'azione simbolica la quale per la sua somiglianza con il lavare le impurità alludeva all'abbandono di una mentalità corrotta"; la cena pasquale e il pasto eucaristico furono un patto d'amicizia, da rinnovare in memoria dell'amico: "Quando mangerete insieme così, accerchiati da amici, ricordatevi anche del vostro vecchio amico e maestro", dice Gesù ai discepoli prima della condivisione del pane e del vino, un gesto in cui egli semplicemente segue, commenta Hegel, "l'uso degli orientali, allo stesso modo in cui ancora oggi presso gli arabi viene stretta amicizia mangiando dallo stesso pane e bevendo dallo stesso calice". Della resurrezione e delle apparizioni del risorto non si fa parola: il *Leben Jesu* chiude con la toccante narrazione dell'umanissima sofferenza di Gesù sulla croce. Egli lascia i discepoli andando incontro al suo destino ("Inizio una parabola più alta in mondi migliori, dove lo spirito si slancia verso la fonte originaria di ogni bene ed entra nella sua patria, nel regno dell'infinità"), ma che egli li lasci è un bene, poiché permetterà loro di affidarsi unicamente allo "Spirito", alla voce della ragione in loro, che Gesù ha insegnato a udire: "Che io vi lasci è perfino meglio per voi, poiché otterrete la vostra autonomia". *È il dono della libertà*, che vieta ai discepoli ogni tentativo di "divinizzare" la sua figura e di farne il fondamento storico e "miracoloso" di nuove istituzioni oppressive, "destino" a cui il cristianesimo inevitabilmente si avvierà[34]. Lo scontro con l'ebraismo (idealmente con ogni religione "positiva", istituzionale) è crudo e inevitabile: la morsa di farisei e sadducei si stringe rapidamente attorno all'armoniosa figura ("anima bella" schilleriana) del divino Maestro, evocando sin dalle prime pagine i toni cupi con cui si conclude la narrazione. Nel tempio di Gerusalemme, Gesù così si giustifica dinanzi ai "maestri" d'Israele, che gli contestano come possa egli, senza aver ricevuto l'istruzione religiosa di un "rabbi", parlare con tanta autorità: "La mia dottrina non è un'invenzione degli uomini, così che abbia bisogno di essere imparata dagli altri faticosamente. Colui che, senza pregiudizi, si è proposto di seguire la genuina legge

---

34 È il tema del più esteso degli scritti teologici giovanili di Hegel, Lo spirito del cristianesimo e il suo destino, su cui si veda l'ultimo paragrafo di questa introduzione.

della moralità pura potrà subito esaminare la mia dottrina e verificare se sia una mia invenzione [...] Colui che persegue sinceramente la gloria di Dio è sufficientemente onesto per rigettare quelle invenzioni che gli uomini hanno affiancato alla legge morale e perfino messo al suo posto". E commenta didascalicamente Hegel: "Il messia che gli ebrei aspettavano per ristabilire lo splendore del loro culto e l'indipendenza del loro regno non poteva certamente essere Gesù, poiché sapevano di dove egli fosse; il messia al contrario sarebbe apparso all'improvviso secondo le profezie. Così a Gesù si opponevano sempre i pregiudizi degli ebrei, che chiedevano non tanto un maestro che cercasse di migliorare i loro costumi e li recuperasse dai loro pregiudizi opposti alla moralità, quanto un messia che li liberasse dalla soggezione ai romani e uno simile non lo trovavano in Gesù". La più alta moralità che Gesù annuncia e a cui esorta gli uomini corrisponde alle esigenze nuove dei tempi, di cui si possono scorgere i "segni" ovunque, e col "risveglio della ragione" (l'inizio del "regno di Dio", come il granello di senape) sempre più vacilleranno le istituzioni religiose mondane, finché la "ragione" stessa, predice Gesù ai farisei, giudicherà "le vostre dottrine e i vostri ordinamenti arbitrari, la vostra degradazione dello scopo finale dell'uomo (la virtù), la coercizione con la quale volete mantenere tra il vostro popolo il rispetto della vostra fede e dei vostri comandamenti", escogitando "una quantità di oneri per tormentare la povera umanità con gli stessi". Oppressione religiosa ed oppressione politica saranno sconfitte insieme dal "regno di Dio" dell'autentica moralità: dalla legge morale della ragione discendono, come aveva insegnato Kant, i principi della libertà politica, poiché chi riconosca e rispetti la "dignità" della persona razionale in ogni uomo (il nostro "prossimo", da amare "come se stessi") non ne farà mai il "mezzo" dei propri fini egoistici, "oggetto" di sfruttamento materiale e morale. Il "tempio" del nuovo servizio divino sarà la vita morale stessa, che ci indirizza al nostro fine autentico, quella Ragione-Divinità che non è fuori, come idolo alieno, ma dentro di noi: "l'eternità e l'elevazione su tutto ciò che ha inizio e fine, su tutto ciò che è finito". E inevitabile sarà allora la rovina del vecchio "tempio" dell'ebraismo e di ogni religione istituzionale, che esigono sottomissione e tasse alimentando ignoranza e povertà. Nel "regno dei cieli" dei "figli di Dio", e non più "servi", la libertà della "ragione" si affermerà non meno nella vita sociale-politica che nell'interiorità dei cuori: "'Che ne pensi Pietro', disse Gesù a questi mentre entrava in casa con lui, 'i re della terra esigono tasse dai loro figli o dagli altri?' 'Dagli altri', rispose Pietro. 'Così dunque i loro figli ne sarebbero liberi', ribatté Gesù, 'e noi che adoriamo Dio secondo il vero spirito della parola non dovremmo contribuire in nulla al mantenimento del tempio, del quale non abbiamo bisogno per servire Dio'".

5. IL GESÙ DI HEGEL FRA KANTISMO E IDEALE ESTETICO SCHILLERIANO

Seguire il comando della ragione iscritto nei nostri cuori, come richiede il Gesù hegeliano, è costrizione della nostra natura sensibile ed emozionale, degli impulsi naturali? La ragione deve far violenza alla natura in noi per potersi affermare, perché ad essa irriducibilmente nemica? È il grave quesito, schiettamente romantico ed estraneo al rigido razionalismo morale di Kant, che la lettura entusiastica dell'opera di maggior impegno filosofico di Schiller, le *Lettere sull'educazione estetica* (1795), pone al giovane Hegel[35]. La prima e consistente sezione de *La religione entro i limiti della sola ragione* di Kant era dedicata al problema del "male radicale" presente nell'uomo, offrendo una rilettura filosofica del tema cristiano del "peccato originale". Perché la volontà, in un atto che è libero e, dunque, della personalità "noumenica", al di

---

35 In una lettera a Schelling del 1795, Hegel giudica "un vero capolavoro" le Lettere sull'educazione estetica, cfr. Hegel, Lettere, ed. cit., p.16. Ricordiamo che I Masnadieri di Shiller (1782) fu, insieme a I dolori del giovane Werther di Goethe, il "manifesto" dello Sturm und Drang, con cui si apriva il romanticismo tedesco. Il senso morale tragico che Schiller attribuisce alla libertà, la cui ricerca è contrasto col mondo e sofferenza, che può concludere nella sconfitta ma non nella rinuncia all'ideale e nella rassegnazione, sta certamente sullo sfondo del Leben Jesu di Hegel.

qua di qualsivoglia "fenomeno" o fatto "storico" dell'esistenza, sceglie di seguire l'inclinazione sensibile, violando il comando della ragione?[36] La visione kantiana è dualistica e drammatica. La ragione comanda incondizionatamente, la sempre riluttante sensibilità deve esserle sottomessa: la vita morale non può affermarsi senza coercizione. Il Gesù del *Leben Jesu* di Hegel si muove indubbiamente sullo sfondo di questa contrapposizione, confrontandosi con la perversa inclinazione di chi non vuole ascoltare il comando divino della ragione in noi e piuttosto sceglie l'avidità, il potere, la menzogna. Ma la "metànoia" a cui Gesù chiama gli uomini, la "conversione", il mutamento interiore profondo che ci porta a sentire e a vivere nello "spirito di libertà", non dovrà pur risolvere il contrasto della ragione con l'inclinazione naturale, realizzando una conciliazione senza di cui non vi è armonia, *vita gioiosa e libera anziché frustrazione* nell'obbedienza ad una ragione fatta despota? Il cristianesimo e il messaggio del suo fondatore sono una "religione bella", nel senso schilleriano dell'aggettivo, in cui la vita morale faccia tutt'uno con la disposizione della sensibilità e del sentimento, o si fondano invece sulla loro disarmonia e la alimentano? Il problema, che nasceva per il giovane Hegel dal confronto del rigorismo kantiano con l'ideale "estetico" schilleriano, è agitato in sordina nel *Leben Jesu* senza

36 Cfr. Kant, La religione entro i limiti della sola ragione, ed. cit., pp. 121122: "La frase: l'uomo è cattivo, non può [...] voler dire altro che questo: l'uomo è consapevole della legge morale, ed ha tuttavia adottato per massima di allontanarsi (in alcuni casi) da questa legge. La frase: l'uomo è cattivo per natura significa solo che [...] secondo quel che di lui si sa per esperienza, l'uomo non può essere giudicato diversamente o, in altre parole, che si può presupporre l'esperienza del male come soggettivamente necessaria in ogni uomo, anche nel migliore. [...] Potremmo allora chiamare questa tendenza una tendenza naturale al male e, poiché bisogna pur sempre che essa sia colpevole, potremmo chiamarla un male radicale, innato alla natura umana (pur essendo, ciò non di meno, prodotto a noi da noi stessi)". Si noti la difficoltà della formulazione: non "per natura" l'uomo, dotato di ragione e di libertà, potrebbe esser detto "malvagio", ma poiché constatiamo di fatto la tendenza al male anche nel migliore degli uomini, essa dovrà dirsi, in un senso "soggettivamente necessario", tendenza "naturale" e "innata", "male radicale" (radikale Böse). Il male è per Kant libera scelta, una scelta della personalità libera o "noumenica" dell'uomo, al di qua di ogni evento "fenomenico", in cui la libertà non può essere constatata né dimostrata (impossibilità epistemologica, poiché la nostra conoscenza fenomenica è governata dal principio di causalità): è appunto ciò che nel mito biblico è simbolicamente adombrato come "peccato originale".

trovarvi una soluzione. Scriveva Schiller: "Chiaramente ha, la violenza che la ragion pratica nelle determinazioni del volere esercita nei confronti delle nostre inclinazioni, qualcosa di offensivo, qualcosa di penoso nel fenomeno. Ora, noi non vogliamo vedere mai, in nessuna parte, costrizione, neppure quando la stessa ragione la esercita; vogliamo sapere rispettare anche la libertà della natura [...]. Un'azione morale non può mai essere bella se assistiamo all'operazione per la quale quella della sensibilità è angustiata"[37]. La frustrazione della sensibilità è disarmonia, bruttezza, al pari di una pretesa "verità" morale-religiosa che si fondi, come nel giudaismo, sul dispotismo di un Dio alieno all'uomo e alla natura, concezione che per Schiller come per Hegel è antitetica all'ideale greco della bellezza, che congiunge armonicamente cielo e terra, divino ed umano, singolo e comunità, sensibilità e ragione. Ebbene, e tale è il quesito che si pone il giovane Hegel, dopo aver negato l'estraneità di Dio all'uomo e riconosciuto la Sua legge dentro di noi, Gesù resta nondimeno ancora prigioniero della concezione dualistica e "inestetica" dell'ebraismo, non giungendo a risolvere l'opposizione di ragione e natura in noi, così trasferendo nell'intimo stesso del nostro spirito la dualità di Dio-legislatore e uomo-servo?

La risposta si trova pienamente formulata non nel *Leben Jesu*, ma negli scritti teologici immediatamente successivi. Ciò che nell'insegnamento di Gesù eleva a perfezione la legge, trascen-

---

37 F Schiller, Callia o della bellezza, ed. it. in Id., Lettere sull'educazione estetica. Callia o della bellezza, Armando, Roma 1993, pp. 266-267. Cfr. Lettere sull'educazione estetica, ed. cit., p. 118: "La ragione è soddisfatta allorché la sua legge vale solo senza condizione; ma, nella completa stima antropologica, in cui con la forma conta anche il contenuto e contemporaneamente anche il sentimento vivo ha una voce, quella differenza tanto più vien presa in considerazione. Infatti, la ragione richiede unità, mentre la natura richiede varietà, e di entrambe queste legislazioni si esercita il diritto sull'uomo. La legge della prima è impressa in lui da una coscienza incorruttibile, la legge della seconda da un inestinguibile sentimento. Perciò costituirà sempre una prova di educazione ancora difettosa, se il carattere morale potrà affermarsi unicamente con il sacrificio del carattere naturale". La stima dell'uomo nella sua completezza, di essere razionale e naturale, richiede cioè che la ragione non si imponga alla natura violandone il "diritto" suo proprio, che si esprime nella varietà e nella forza dei sentimenti vitali, asservendola come un "mezzo" per il proprio fine, che sarebbe una negazione di quel "rispetto" che per Kant la stessa legge morale comanda (beninteso, nei riguardi della "persona razionale" altrui quale referente dell'agire morale, anziché della "natura" in noi).

dendola e vanificandola come "legge", è per Hegel l'amore. Inteso come "agape", amore di dedizione e non "amor di sé", esso è nel "carattere naturale" dell'uomo "l'elemento sensibile" che collega armonicamente natura e ragione, evitando il dominio della seconda sulla prima. In *Religione popolare e cristianesimo* si legge: "Il carattere empirico dell'uomo è sì affetto dal piacere e dal suo contrario, ma l'amore [...] non è egoistico, ed agisce bene non perché ha calcolato che le gioie che nascono dalle sue azioni sono più pure e durano più a lungo di quelle della sensibilità e di quelle che sorgono dal soddisfacimento di una passione qualsiasi; esso dunque non è il principio del raffinato amor di sé di cui alla fin fine lo scopo ultimo è sempre l'io"[38]. Non sono solo il piacere e la soddisfazione dei bisogni a muovere l'uomo "naturale", ma anche tutta una gamma di sentimenti di ben altro valore, e appunto "di tal genere sono tutte le buone inclinazioni, la simpatia, la benevolenza, l'amicizia ecc."[39]: impulsi "naturali" e "sensibili" anch'*essi, ma che possono dirsi a buon titolo il nostro "sentimento morale"*, che dispongono, preparano e sollecitano l'opera della ragione in noi. Ne *Lo spirito del cristianesimo e il suo destino* (1798-1799), il più compiuto e impegnativo degli scritti teologici giovanili, Hegel indica nelle beatitudini del sermone della montagna il punto più alto dell'insegnamento di Gesù. In esse il legalismo è vanificato dall'amore, e così conciliato con la "natura" sensibile: "Lo spirito di Gesù, che si è innalzato oltre la moralità, si mostra immediatamente rivolto contro le leggi nel sermone della montagna, che è un tentativo, compiuto per mezzo di parecchi esempi sulle leggi, di sottrarre a queste l'elemento legale, la forma di legge; esso non predica rispetto per le leggi ma indica ciò che le porta a compimento, le elimina come leggi; predica dunque un qualcosa che è superiore all'obbedienza alle leggi e che le rende superflue"[40]. Le beatitudini non sono "leggi": esse proclamano

---

38 G.F.W. Hegel, Religione popolare e cristianesimo, ed. it. in Scritti teologici giovanili, a cura di E. Mirri, Guida, Napoli 1972, p. 48.

39 Ibid.

40 G.W.F. Hegel, Lo spirito del cristianesimo e il suo destino, ed. it. in Id., Scritti teologici giovanili, cit., p. 378; ibid.: "Agire nello spirito della legge non poteva significare per lui [Gesù] agire secondo il rispetto per il dovere, in contraddizione con le inclinazioni". La mora-

sì "beati" coloro che in schiettezza di cuore depongono egoismo, avidità, violenza, e in tal modo soddisfano compiutamente a ciò che la "legge" della ragione (la "voce del cuore") richiede, fino a farsi vittime inermi di chi quella "legge" viola, *ma non sono più affatto "leggi"*, poiché "nell'amore viene meno ogni pensiero di dovere"[41]. Gesù dichiara di non voler distruggere la legge, ma di perfezionarla; così, il comandamento "non uccidere" non viene negato, ma reso perfetto, poiché nello "spirito di riconciliazione" è l'ira stessa che diviene una colpa, e finanche "l'impeto ad opprimere a sua volta" di chi patisca un'oppressione[42]. Allo stesso modo, "la santità dell'amore è il compimento della legge contro il divorzio"[43]. Nel promesso "regno dei cieli" della comunione fra gli uomini nell'amore, le leggi sono "compiute da una giustizia diversa [...], più piena di quella degli uomini ligi al dovere": e questo è il "plérôma", la "pienezza" autentica dell'esperienza morale-religiosa umana[44], perfetta concordanza della ragione e dell'inclinazione, di spirito e natura: "Solo il sentimento del tutto, l'amore, può impedire la lacerazione dell'essenza"[45].

6. IL "DESTINO" DEL CRISTIANESIMO

La vita nell'amore fu la grande esperienza della primitiva comunità cristiana. Vera "resurrezione" del Maestro amatissimo, essa fu la vita di Gesù dopo la morte nel piccolo gruppo dei discepoli uniti nel suo "spirito": "Una cerchia di amore, una cerchia di cuori che hanno reciprocamente rinunciato ai loro diritti su

---

lità come dottrina dell'astratto "dovere", "vuoto pensiero dell'universalità" della legge morale come comando razionale puro, viene ad essere lacerante oppressione delle nostre inclinazioni, quali che siano, tutte ingiustamente accomunate dall'avere natura "sensibile" o spuria, opposta alla ragione.

41 Ivi, p. 381.
42 Ibid.
43 Ivi, p. 382.
44 Ivi, p. 380.
45 Ivi, p. 382.

ogni oggetto particolare[46] e sono uniti soltanto dalla fede e dalla speranza comune, il cui godimento e la cui gioia è solo questa pura unanimità dell'amore: questa cerchia dunque è un piccolo regno di Dio"[47]. Come fu allora possibile che da questa comunità nascesse una religione "positiva", che si pretende fondata su di un "Messia", fino a "deificare" la figura di Gesù, fondando su di essa l'autorità della dottrina cristiana e delle istituzioni ecclesiastiche, fino alle forme repressive tanto spesso testimoniate nella storia del cristianesimo? Ne *La positività della religione cristiana* il quesito cruciale è così formulato: "Egli [Gesù] predicò sempre insistendo non su di una virtù fondata sull'autorità [...] ma su di una virtù libera e intima. Come aspettarsi allora che da un simile maestro sarebbe nata l'occasione per il sorgere di una religione positiva, di una religione che si fonda cioè sull'autorità e che non pone il valore dell'uomo nella morale o almeno non solo nella morale?"[48]. Il primo passo verso tal esito è per Hegel da rintracciare già in alcuni atteggiamenti che lo stesso Gesù ebbe, suo malgrado, verso i discepoli, venendo incontro alla loro debolezza. Egli acconsentì a che si supponesse in lui il Messia atteso: "L'attenzione che essi [gli apostoli] e la maggior parte dei suoi più intimi amici prestarono a Gesù si basò in gran parte sulla possibilità che egli fosse per avventura il Messia e che presto si sarebbe mostrato nella sua gloria. Gesù non poteva direttamente contraddirli poiché questa loro supposizione era l'unica condizione perché trovasse seguito presso di loro; tuttavia cercò di indirizzare verso un fine morale le loro aspettative messianiche e fissò a dopo la sua morte il tempo in cui dovesse apparire la sua grandezza"[49]. Più gravemente ancora, egli compì miracoli (ovvero atti, non importa di qual natura, che furono "veramente dei miracoli per i discepoli e gli amici"[50]), e "benché Gesù esigesse fede non

---

46 Nella comunione dei beni praticata dagli apostoli, secondo la testimonianza degli Atti.

47 Ivi, p. 447.

48 G.W.F. Hegel, La positività della religione cristiana, in Id., Scritti teologici giovanili, ed. cit., p. 236.

49 Ivi, p. 242.

50 Ivi, p. 243.

per questi suoi miracoli, ma per la sua dottrina", che voleva fondata sulla pura "voce del cuore" in noi, la ragione, "tuttavia la strada presa dal convincimento intorno all'obbligatorietà della virtù fu la seguente: furono i miracoli accettati con fiducia e fede che fondarono la fede nell'autorità del loro autore e l'autorità di questi divenne il principio dell'obbligatorietà della morale"[51]. Sia pure persone umili e rette, i discepoli, che erano modesti artigiani, "non essendo in possesso di grandi tesori di energie spirituali proprie, [...] si convinsero della dottrina di Gesù soprattutto sulla base della loro amicizia, della loro dipendenza da lui"; essi, "non avevano raggiunto da se stessi verità e libertà, ma erano pervenuti soltanto, con faticoso studio, a possederne un oscuro sentimento e alcune formule"[52]. La morte del Maestro sconvolse naturalmente nel profondo la piccola comunità: "Dopo la morte di Gesù i suoi discepoli rimasero come un gregge senza pastore. Era morto loro un amico, ma essi avevano anche sperato che egli fosse colui che avrebbe liberato Israele (Lc. 24,21) [...] La loro religione, la loro fede in una vita pura, era dipesa da un individuo, da Gesù: egli era il loro vivo legame, il divino rivelato e formato. [...] Con la sua morte essi erano ripiombati nella separazione di sensibile e soprasensibile, di spirito e realtà"[53]. Che cosa fu a questo punto la "resurrezione" di Gesù, che gli indirizzi più critici del razionalismo religioso, e Reimarus in particolare, avevano senz'altro già dichiarato una mistificazione degli apostoli? "Considerare la resurrezione di Gesù come un evento significa porsi dal punto di vista dello storico, che non ha nulla a che vedere con la religione", dichiara Hegel: fondare la "religione", nel senso kantiano, su di un fatto storico, presunto o reale che sia, non ha cioè nulla di "religioso", *nulla che germini dallo spirito stesso*: è, anzi, la negazione di ciò che è veramente "religione", la quale non è credenza in un dato "fenomenico", né può basarvisi[54]. Perduto l'uomo Gesù in carne ed ossa, anelando a ritrovare

---

51 Ivi, p. 244.

52 Ivi, p. 246.

53 Lo spirito del cristianesimo e il suo destino, ed. cit., p. 448.

54 Ivi, pp. 448-449.

il legame che in lui avevano avuto col divino, gli apostoli hanno "l'intuizione della sua divinità", della sua vita oltre la tomba: convertono così l'amico e il maestro in una "essenza" o "spirito incorruttibile" che la morte non ha potuto toccare, e questa "essenza" diviene il centro spirituale della rinata comunità. È un passaggio che è il caso di citare più estesamente: "Il potere che la sua morte esercitava su di loro con il tempo si sarebbe infranto e il morto non sarebbe rimasto semplicemente morto: il dolore per il corpo corruttibile via via avrebbe ceduto il posto all'intuizione della sua divinità e dalla sua tomba sarebbe sorto per loro il suo spirito incorruttibile, l'immagine di un'umanità più pura"[55]. La vita comunitaria nell'amore e nel ricordo del Maestro non bastò ai discepoli, mancando ad essi una "immagine" su cui la fede potesse concentrarsi e mantenersi viva, "oggettivarsi" in essa e riconoscersi. È, questa, una delle pagine più fini de *Lo spirito del cristianesimo e il suo destino*: "Al divino nella comunione e nell'amore, a questa vita, mancava immagine e forma [...] Nella resurrezione e nell'ascensione di Cristo, l'immagine ritrovò la vita, e l'amore ritrovò la manifestazione della sua unicità. In questo nuovo congiungimento di spirito e corpo, l'opposizione tra vivo e morto è sparita e si è unificata in Dio; il rimpianto dell'amore ha scoperto se stesso come un'essenza viva e può ora godere di se stesso. La venerazione di questa essenza è ora la religione della comunità. Il bisogno di religione trova ora la sua soddisfazione in Gesù risorto, nell'amore che ha assunto forma"[56]. Si giunge così alla "deificazione" del maestro, il cui spirito fissato in una "essenza" sempre vivente può riprendere posto nella comunità e nel banchetto eucaristico: Gesù "è divenuto Dio solo attraverso un'apoteosi e la sua divinità è la deificazione di un essere presente anche come

---

55 Ivi, p. 448.

56 Ibid. Precisa altrove Hegel, a proposito del modo in cui furono interpretate le profezie vetero-testamentarie riferite a Gesù e gli eventi "miracolosi" da lui compiuti, che nella mentalità dei discepoli, a cui mancava "l'intelletto europeo", vi era "un indeterminato oscillare fra realtà e spirito", per cui la "realtà" poté essere veduta e trasfigurata con gli occhi dello "spirito", confondendo evento e significato spirituale, che la mentalità "oggettivistica" europea invece scinde senza possibilità di equivoco (ivi, pp. 452-452).

realtà"[57]. Lo spirito dell'amore, che unificava la comunità, ha in tal modo acquistato "la forma di un dato", Gesù divinizzato assunto a "essenza" mediatrice fra cielo e terra, fra il Padre celeste e gli uomini: *un nuovo Dio "oggettivo" anziché quello Spirito vivente in noi stessi* che Gesù aveva voluto insegnare, e questo fu il punto della svolta, in cui il cristianesimo imboccò una strada senza ritorno, iniziando la mutazione in una religione "positiva": "Questo è il punto in cui la comunità cadde nelle braccia del destino"[58]. Il Gesù risorto, osserva Hegel con riferimento a Mc 16, 15-18[59], parla un nuovo linguaggio, ben diverso da quello dell'umanissimo, "commovente commiato prima della morte": incarica i discepoli di predicare e di battezzare, promette salvezza a chi creda e dannazione a chi rifiuti, elenca i "segni" miracolosi della conversione, facendo senz'altro del miracolo *la dimostrazione* dell'autenticità della fede. Così parla non più un "maestro di virtù", dichiara Hegel, ma "un maestro di religione positiva": ora "Gesù pone un segno esteriore, il battesimo, come segno di discriminazione e di queste due cose positive, la fede e il battesimo, ne fa una condizione di salvezza, pronunciando condanna nei confronti della miscredenza"[60]. Non il "maestro di virtù" si esprime in queste raccomandazioni, ma la comunità cristiana che già intraprende la fondazione di una "religione positiva", istituzionale. E ciò che segue, con l'estensione del numero dei credenti, è inevitabile: "l'unione e la fratellanza così stretta dei membri" della comunità sparisce, e con essa "venne ben presto meno la comunione dei beni, che era possibile solo in una piccola setta"[61], mentre le donazioni alle nuove guide religiose diven-

---

57 Ivi, p. 449.

58 Ibid.

59 "Egli disse loro: 'Andate per tutto il mondo, predicate il vangelo a ogni creatura. Chi avrà creduto e sarà stato battezzato sarà salvato; ma chi non avrà creduto sarà condannato. Questi sono i segni che accompagneranno coloro che avranno creduto: nel mio nome scacceranno i demoni; parleranno in lingue nuove; prenderanno in mano dei serpenti; anche se berranno qualche veleno, non ne avranno alcun male; imporranno le mani agli ammalati ed essi guariranno'".

60 La positività della religione cristiana, cit., p. 248.

61 Ivi, p. 251.

gono un patrimonio sempre più consistente da essi gestito; l'eguaglianza dei "fratelli" in Cristo è sì mantenuta come principio, ma "con la furfantesca aggiunta che questa eguaglianza vale solo agli occhi del cielo"[62], di modo che "schiavo" e "padrone" restino in terra ben distinti; il banchetto pasquale, "questo simbolo sensibile con cui Egli figurativamente legò il ricordo di Sé con le cose che avrebbero gustato nella cena", è trasformato in "un misterioso atto di culto che prese il posto dei banchetti votivi degli ebrei e dei romani", "un precetto pari a un comandamento divino"[63]. La trasformazione dell'esperienza cristiana delle origini in una religione sempre più istituzionale, fino a dotarsi di strumenti repressivi, non poté tuttavia evitare un paradosso, una contraddizione mai superabile, che è "il destino" più gravoso e lacerante del cristianesimo: "L'oggettivo non divino, per il quale anche si richiede culto, non diviene mai divino pur con tutto lo splendore che irradia"[64]. Quando il "divino" che è in noi e in ogni essere sia fissato in un "Dio oggetto" fuori e sopra il nostro spirito, a cui rivolgere il "culto", il "divino" (il "pleroma", la "pienezza", "il sentimento del tutto", "la viva impersonale bellezza" dell'Unica Vita!) è per ciò stesso perduto, cedendo il posto a "un'infinita inestinguibile inquieta brama"[65], che mai potrebbe trovare soddisfazione o vero conforto. Dinanzi al "Dio" che è fuori di essa la coscienza cristiana potrà volta a volta umiliarsi fino a sentirsi nullità, ovvero domandarne l'amichevole soccorso e anche riceverne benigna assistenza nella vita o, ancora, all'opposto, sentirsi odiosa e odiata perché irrimediabilmente mancante, ma in nessun caso potrebbe superare "la lacerazione dell'essenza", la scissione del divino e dell'umano a cui si è condannata: "Fra questi estremi della coscienza molteplice o ridotta, dell'amicizia o dell'odio e dell'indifferenza per il mondo, fra questi estremi che si trovano all'interno dell'opposizione fra Dio e mondo, fra divino e vita, la chiesa cristiana ha continuamente oscillato; ma è contrario al suo

---

62 Ivi, p. 252.

63 Ivi, p. 254.

64 Lo spirito del cristianesimo e il suo destino, cit., p. 451.

65 Ivi, p. 456.

carattere essenziale trovare pace in una viva impersonale bellezza, ed è suo destino che chiesa e stato, culto e vita, pietà e virtù, agire spirituale e agire mondano giammai possano fondersi in uno". Ricordiamo che nel pensiero maturo di Hegel la "conciliazione" fra Dio e mondo sarà intesa come il termine della storia dell'Assoluto, dopo il suo svolgimento in tutti gli aspetti e i gradi della vita naturale e storico-spirituale, fino al suo termine ultimo, lo "Spirito assoluto", suprema Autocoscienza. La "scissione dell'essenza", la discesa nella molteplicità e nel dolore, nel travaglio della storia saranno giudicate necessarie affinché l'Assoluto divino non resti vuota identità ma abbia compimento come "Omnitudo realitatis", "Pienezza" di Vita molteplice che si raccoglie e si riconosce nella Coscienza divina-umana finalmente ricomposta: "Dio è Dio solo in quanto sa di se stesso; il suo sapere di sé è, inoltre, la sua autocoscienza nell'uomo e il sapere che l'uomo ha di Dio, che progredisce fino al sapersi dell'uomo in Dio", si legge nelle lezioni berlinesi di filosofia della religione.

Domenico Dario Curtotti

VITA DI GESÙ

La ragione pura incapace di ogni limite è la divinità stessa. In generale, il piano del mondo è ordinato secondo la ragione; e per quanto essa sia stata sovente oscurata, mai si è detta del tutto spenta, tanto che persino nella tenebra più assoluta se ne è sempre conservato un barlume.

Tra i Giudei, fu Giovanni che richiamò l'attenzione degli uomini su questa loro dignità che non dovrebbero percepire come qualcosa di estraneo, ma al contrario dovrebbero cercare in se stessi, nel loro animo e non nella loro filiazione, né nell'inclinazione alla felicità o nel farsi servitori di un uomo importante, bensì nella cura della scintilla divina che è stata loro donata e fornisce testimonianza evidente del fatto che essi, in un senso sublime, discendono dalla divinità medesima.

L'educazione della ragione è la sola fonte di verità e quiete, una fonte che Giovanni non diede a intendere di possedere in maniera esclusiva o fosse da ritenere una rarità, ma un qualcosa che tutti gli uomini possono trovare in se stessi.

Meriti assai maggiori vengono, però, dal fatto che, per il miglioramento delle massime corrotte degli uomini, per la conoscenza della vera moralità e il raggiungimento di un'adorazione più pura di Dio, si sia acquisito un Cristo.

Betlemme, un villaggio sito in terra di Palestina, fu il teatro della sua venuta al mondo. I suoi genitori furono Giuseppe e Maria; il primo dei due, secondo l'uso degli ebrei che tenevano particolarmente alle tavole genealogiche, faceva discendere il suo casato da Davide.

Gesù otto giorni dopo la nascita, nella piena osservanza dei precetti ebraici, venne circonciso.

Della sua educazione sono note ben poche cose e quanto giunto fino a noi è che egli, già in tenera età, manifestò un deciso e forte interesse per le questioni religiose, cosa testimoniata dal fatto che, nel corso del suo dodicesimo anno di vita, lasciando i suoi genitori nella più cupa angustia, si allontanò da casa per recarsi nel tempio di Gerusalemme, dove venne da loro trovato a discutere con i sacerdoti, nei quali destò meraviglia per una capacità di giudizio insolita in un ragazzino tanto giovane.

Della sua ulteriore formazione di giovanotto fino al periodo in cui egli entrò in scena come uomo fatto e maestro, ovvero dell'intero e singolare lasso di tempo dello sviluppo, fino ai trent'anni si hanno solo le seguenti informazioni: che egli fece conoscenza con il già menzionato Giovanni detto il *Battista* perché aveva in uso di battezzare coloro che accoglievano il suo appello a fare di sé creature migliori. Codesto Giovanni avvertiva di possedere la vocazione a richiamare l'attenzione dei suoi contemporanei verso fini più alti del mero piacere e verso aspettative assai più importanti del ripristino degli antichi fasti del regno ebraico.

Il luogo dove in genere questi insegnava e soggiornava era ubicato in una contrada remota e i suoi bisogni consistevano in quel poco che un essere umano necessita per sopravvivere: la sua veste era tratta da una pelle di cammello fissata in vita da una cinta di cuoio ed egli rispondeva ai morsi della fame cibandosi di locuste che, in quelle regioni, vengono considerate commestibili e di quel poco di miele che riusciva a sottrarre a sciami di api selvatiche. Del suo insegnamento è noto, in generale, solo che egli invitava gli uomini a un cambiamento spirituale e a realizzare quest'ultimo dimostrandolo nei fatti; e che quando qualcuno giungeva fino a lui manifestando sincero pentimento per la condotta fino ad allora tenuta, lui compiva l'atto simbolico di battezzarlo, con un gesto che, per la sua rassomiglianza con l'azione di detergere il corpo dalle impurità, alludeva all'abbandono e alla definitiva rinuncia di una mentalità corrotta.

Tra i tanti anche Gesù si recò da Giovanni per riceverne il battesimo. Ma Giovanni, il quale non amava avere intorno a sé discepoli, ravvisando in Gesù le straordinarie qualità di cui egli fornì esauriente prova in seguito, gli disse che lui non aveva alcun bisogno di venire battezzato e, raccomandò a coloro che venivano a cercarlo di rivolgersi a Gesù se volevano trarne migliore insegnamento. E non poté che gioire quando più avanti seppe che il suo discepolo raccoglieva il consenso di molti e battezzava tante persone (anche se in verità non era egli a battezzare ma coloro, al suo seguito, che si professavano suoi amici).

Giovanni, in seguito, fu vittima della vanità offesa di Erode[66], il regnante di quella regione, e di una donna. Egli, infatti, biasimata aspramente la relazione intessuta dall'illustre personaggio con Erodiade, la cognata, per sue disposizioni venne posto agli arresti. Erode adottò questa soluzione perché, essendo Giovanni un profeta molto amato, non osava inimicarsi il popolo condannandolo a morte. E tuttavia, durante un festa tenutasi per il suo compleanno, quando la figlia di Erodiade volle esibirsi in una danza in suo onore che ne mise in luce tutto il talento, Erode ne rimase talmente affascinato che concesse alla giovane di esigere da lui un favore: qualunque cosa avesse chiesto, le assicurò, fosse stata anche la metà dei suoi averi, lui non avrebbe esitato a concederglielo.

La madre della giovane che, offesa nella vanità, era stata costretta fino a quel momento a tenere a freno il desiderio di vendetta, chiese alla figlia di pretendere la testa di Giovanni Battista. Erode, trovando sconveniente rimangiarsi la promessa data davanti ai suoi ospiti o specificare a posteriori che, nella concessione, non erano compresi crimini contro la persona, acconsentì e la testa di Giovanni venne consegnata alla giovane baccante, la quale, a sua volta, ne fece dono alla madre. Il corpo di Giovanni fu seppellito dai suoi discepoli.

A parte questo, quanto è dato sapere di quel periodo della vita di Gesù riguarda alcuni sbiaditi tratti della sua crescita spirituale.

Una volta, nel corso di lunghe ore che dedicava alla riflessione,

---

66 Ndt. Erode Antipa (20 a C. 39 d.C.) fu tetrarca della Galilea e della Perea dal 4 a.C. al 39 d.C.

gli venne in mente se non valesse la pena, attraverso lo studio della natura e forse insieme alla collaborazione di spiriti superiori, di cercare di trasformare materiali grezzi in materia nobile, come ad esempio la pietra in pane: proposito a cui rinunciò in considerazione dei limiti che la natura ha posto al potere dell'uomo e del fatto che aspirare a un potere di tale portata non fosse dignitoso per la razza umana, perché essa deteneva già in sé una forza più sublime della natura, lo sviluppo della quale è il fine ultimo della sua esistenza.

In un'altra occasione, passò innanzi alla sua immaginazione tutto ciò che viene dagli uomini stimato degno di essere fatto oggetto dell'operosità umana: comandare milioni di individui, fare in modo che mezzo mondo parlasse di sé, vedere una immensa moltitudine dipendere dal proprio volere, dai propri umori; oppure vivere nella piena soddisfazione di quanto sappia stimolare la vanità o i sensi. E tuttavia, quando rifletté con maggiore accuratezza sulle condizioni sotto cui tutto questo poteva venire acquisito, sia pure se si volesse utilizzarne il possesso per il solo bene dell'umanità, ovvero, mettere da parte la propria dignità, rinunciare al rispetto di sé , egli, deciso a rimanere fedele a quanto era scritto in modo indelebile nel suo cuore (onorare solo l'eterna legge della morale e colui la cui volontà santa non può essere affetta da altro che quella legge), rigettò immediatamente l'idea di fare propri quei desideri.

Nel corso del trentesimo anno di età, Gesù fece il suo ingresso sulla scena pubblica come maestro: inizialmente, il suo insegnamento pareva per lo più riservato ad alcuni singoli soggetti isolati, finché, in parte spinti dall'apprezzamento per la sua dottrina, in parte perché chiamati direttamente da lui, si riunì intorno alla sua persona un gruppo di fidati discepoli. Da quest'ultimi egli era accompagnato pressoché ovunque e con il suo esempio e i suoi insegnamenti cercò di scacciare da loro il limitato spirito dei pregiudizi e dell'orgoglio nazionale ebraico e di sostituirli con il suo spirito, che dava valore unicamente alla virtù, la quale non è dipendente da una nazione specifica, né, per quanto possano essere positivi, da fattori istituzionali.

Il luogo in cui egli si tratteneva con maggiore frequenza era la provincia della Galilea e, più precisamente, la zona di Cafarnao, da dove di solito raggiungeva Gerusalemme in occasione delle festività più importanti e, in particolare, per la Pasqua.

La prima volta che si recò a Gerusalemme, dopo essersi presentato alla cittadinanza come maestro, destò meraviglia per un avvenimento eclatante. Entrato nel tempio verso cui confluivano tutti gli abitanti della Giudea (luogo sacro dove questi, elevandosi sopra i piccoli interessi della vita di ogni giorno, si ritrovavano nella comune adorazione della divinità), vi trovò una moltitudine di miseri bottegai che speculavano sulla religiosità della gente.

E questi trafficavano con ogni mercanzia di cui i Giudei si avvalevano per i loro sacrifici e, in occasione delle festività, facevano affari nel tempio grazie al confluire della folla da tutte le zone del paese. Gesù, colmo di sdegno per questo commercio, scacciò i mercanti dal tempio.

Egli incontrò molti uomini sui quali le sue parole fecero presa, ma, conoscendo l'attaccamento degli ebrei a radicati pregiudizi nazionali e il loro disinteresse a spendersi per un fine più alto, evitò di instaurare uno stretto legame con essi e di dare fiducia alla loro convinzione, che non riteneva idonea a potervi costruire sopra qualcosa di più eccelso. Inoltre, egli era troppo disinteressato alla vanità per sentirsi onorato dal plauso di una moltitudine di uomini e altrettanto lontano dalla debolezza per trovare forza nell'altrui consenso: insomma, non necessitava di alcuna approvazione, né di autorità per credere nella ragione.

Lo scalpore che Gesù suscitò a Gerusalemme parve fare poca impressione sui maestri del popolo e sui sacerdoti, i quali seguitavano a guardarlo dall'alto in basso, con disprezzo. Tuttavia, uno di essi, Nicodemo, motivato da tutto questo a conoscere Gesù più da vicino, per sentire dalla sua bocca in cosa consistesse la novità e diversità della dottrina da lui professata e capire se fosse degna di essere presa in considerazione, si recò da lui. Per non esporsi all'odio o al ludibrio, gli fece visita nottetempo.

«Anch'io», disse Nicodemo, «vengo per essere istruito da te, poiché da tutto quello che viene detto sul tuo conto si presume che tu sia un inviato di Dio, che Dio dimori in te e che tu sia disceso dal cielo».

«Certamente», rispose Gesù, «chi non trae la sua origine dal cielo, colui in cui non alloca la forza divina, non è cittadino del Regno di Dio».

«E come potrebbe l'uomo rinunciare alle sue naturali inclinazioni?», chiese Nicodemo. «Come potrebbe raggiungerne di più alte? Dovrebbe far ritorno al grembo di sua madre e rinascere come altro, come un essere di diversa specie».

«L'uomo in quanto uomo», rispose Gesù, «non è un essere puramente sensibile. La sua natura non è limitata solo all'impulso che lo spinge verso i piaceri, c'è anche spirito in lui, una scintilla dell'essenza divina: a lui è stata concessa l'eredità di tutti gli esseri razionali. Allo stesso modo in cui senti frusciare il vento e ne avverti il soffio senza avere alcun potere su di lui, né sai da dove venga o dove sia diretto, così ti si annuncia irresistibile, nell'intimo, quella facoltà autonoma e immutabile. Come però essa si unisca al resto dell'animo umano soggetto a mutamento, come possa pervenire al dominio della facoltà sensibile, questo ci è ignoto».

Nicodemo ammise che quei concetti gli erano del tutto sconosciuti.

Gesù, meravigliato, osservò: «Come? Tu sei maestro in Israele e non comprendi ciò di cui parlo? In me la convinzione di quanto ho espresso è viva quanto la certezza di ciò che vedo e sento. Ma come posso aspettarmi che prendiate per vera la mia testimonianza, se non badate a ciò che vi dice il vostro spirito, a quella voce celestiale che trae le sue origini dal cielo e può di per sé spiegarvi non solo cosa sia il bisogno più alto della ragione, ma che solo all'obbedienza di quella si può trovare serenità e vera grandezza. Infatti, la divinità ha voluto differenziare l'uomo a tal punto, dalla restante natura, da animarlo con il riflesso del fulgore della sua essenza, da dotarlo di ragione, e l'uomo solo attraverso la fede in essa assolve al suo massimo scopo. La ragione non condanna gli impulsi della natura, li guida e li nobilita. Chi non le obbedisce si è giudicato da se medesimo. E dato che egli ha disconosciuto quella luce, non l'ha nutrita, né cresciuta dentro e non ha dimostrato attraverso le sue azioni di quale spirito sia figlio, si ritrae dallo splendore della ragione, che prescrive la moralità come dovere, poiché le sue opere malvagie si ritraggono di fronte a quello splendore abbagliante che lo colmerebbe di vergogna, rimorso e disprezzo di sé.

Al contrario, colui che si mostra leale verso se stesso, si avvicina volentieri al tribunale della ragione, non teme i suoi rimproveri, né la conoscenza di sé che essa gli concede, non necessita di nascondere le proprie azioni, poiché esse sono testimonianza dello spirito che le ha animate, dello spirito del mondo razionale, dello spirito della divinità».

Gesù, quando venne a sapere che quella moltitudine che esprimeva simpatia per la sua dottrina aveva attirato l'attenzione dei farisei, lasciò Gerusalemme e riprese a viaggiare verso la Galilea, che raggiunse attraverso la Samaria. Mandati i suoi discepoli in città ad acquistare del cibo, egli li attese presso una sorgente che si dice fosse appartenuta a Giacobbe, uno dei progenitori del popolo ebraico[67]. Lì Gesù incontrò una samaritana a cui chiese di attingere per lui un po' di acqua.

Nella donna destò non poco stupore che un ebreo, nonostante l'odio religioso che i loro popoli nutrivano l'uno per l'altro tale da escludere che potesse esservi tra loro un qualche rapporto -, le chiedesse dell'acqua.

Gesù affermò: «Se tu conoscessi quali sono i miei principi, non mi avresti giudicato secondo il metro con cui si misurano gli ebrei; tu stessa non avresti avuto alcuna esitazione a chiedermi dell'acqua e io avrei aperto un'altra fonte di acqua viva. Chi attinge da questa non patirà più la sete perché l'acqua che sgorga da essa conduce alla vita eterna».

«Vedo che sei un uomo saggio», osservò la samaritana, «ragione per cui non esito a chiederti spiegazione sulla più impor-

---

67 Ndt. Giacobbe nacque da Isacco e da Rebecca e fu chiamato successivamente anche Israele, divenendo eponimo, per questo appellativo, della nazione stessa di Israele. Dal suo quadruplice matrimonio, la Bibbia fa discendere, in un sistema di 12 discendenze, i capostipiti delle dodici tribù degli Ebrei.

tante controversia tra la tua e la nostra fede religiosa. I nostri padri celebrano qui, sul monte Garizim, le loro funzioni religiose, mentre voi sostenete che solo a Gerusalemme si dovrebbe venerare l'Altissimo».

«Credimi donna», rispose Gesù, «ci sarà in futuro un tempo in cui non celebrerete più alcuna funzione religiosa sul monte Garizim, né a Gerusalemme, un tempo in cui non si riterrà più che la venerazione del divino possa limitarsi alle azioni prescritte o a un determinato luogo. Verrà il momento, e in verità è già qui, in cui gli autentici adoratori di Dio serviranno il Padre Supremo nel vero spirito della religione, poiché a lui solo questi risultano graditi – lo spirito in cui prevale solo la ragione e il suo fiore più bello: la legge morale, perché solo su questa può trovare fondamento l'autentica venerazione di Dio».

Il racconto della conversazione intrattenuta con Gesù, di cui la donna riferì ai suoi concittadini, fu di per sé sufficiente a suscitare in molti un'alta opinione di lui e spinse molti samaritani a cercarlo per riceverne l'indottrinamento. Mentre Gesù si intratteneva con questa gente, i suoi discepoli, che nel frattempo avevano fatto ritorno, gli offrirono da mangiare.

«Lasciate perdere», rispose loro, «io non do alcuna importanza al nutrimento del corpo, la mia sola preoccupazione è rispettare la volontà del Signore Dio nostro e dedicarmi all'opera di miglioramento dell'uomo. I vostri pensieri sono volti al cibo, al raccolto a venire, allargate il vostro orizzonte, sollevate i vostri occhi al cielo, dove sta il raccolto verso cui deve tendere il genere umano, da portare da voi a piena maturazione. In questi campi, mai avete seminato il germe del bene che la natura ha posto nei cuori degli uomini, esso si è sviluppato per suo conto qua e là ed è vostro compito curare questi fiori e collaborare con la natura per portare la semente a fioritura». Su sollecito dei samaritani, Gesù si trattenne un paio di giorni per dare loro la possibilità di vedere confermata, dall'esperienza diretta, l'alta considerazione che già, tramite le parole della donna, si erano fatti di lui.

Trascorsi quei due giorni Gesù riprese il suo cammino verso la Galilea. In ogni luogo che attraversava, esortava coloro che incontrava sulla sua strada a migliorarsi, a destarsi dal torpore, dall'infruttuosa e oziosa speranza secondo cui presto sarebbe giunto un messia designato a riportare lo Stato ebraico al passato splendore e a ripristinare il servizio divino.

«Non aspettate gli altri», li esortava Gesù, «ponete mano voi stessi al vostro miglioramento, proponetevi traguardi più grandi di quello di divenire tali e quali a com'erano gli ebrei del passato. Miglioratevi, perché solo così sarete degni di avere accesso al regno di Dio».

Questo insegnava Gesù in ogni luogo dove sostava, da Cafarnao al lago di Genezareth, nei luoghi pubblici e nelle aule degli ebrei. Tra l'altro, commentò un brano dei libri sacri anche a Nazareth, sua città d'origine, dove i suoi concittadini, nel riconoscerlo, dissero: «Non è questo il figlio di Giuseppe, che nacque e crebbe tra noi?»

Il pregiudizio degli ebrei che colui che essi attendevano come il salvatore dovesse essere di nobili natali e presentarsi loro in tutta la sua magnificenza esteriore, era difficile da sradicare dalle menti della gente, per cui accadde che Gesù finisse per essere cacciato da quegli stessi suoi concittadini. A seguito di questo episodio, fu proprio lui a coniare il detto che in nessun posto un profeta ha meno considerazione di quanta può cavarne nel luogo dov'è nato. Invitati Pietro, Andrea, Giacomo e Giovanni, che trovò intenti a pescare – pratica che esercitavano per mestiere –, a unirsi a lui, disse al primo: «Lascia perdere i pesci, io voglio fare di te un pescatore di uomini».

Il numero dei suoi seguaci prese di giorno in giorno a crescere in maniera considerevole tanto che, in ogni cittadina e villaggio, sempre più uomini si univano a lui. Innanzi a una moltitudine di tale portata, egli in un'occasione, trovandosi sulla sommità di una montagna, tenne il seguente discorso: «Beati gli umili e i poveri perché loro è il regno dei cieli. Beati coloro che soffrono perché un giorno là troveranno consolazione. Beati coloro dall'animo mite perché essi potranno godere di un'infinita pace. Beati quanti hanno desiderio ardente di giustizia, perché là vedranno il loro desiderio esaudito. Beati i compassionevoli perché verso di loro sarà mostrata misericordia. Beati i puri di cuore perché essi sono vicini alla santità. Beati coloro che amano la pace, perché essi meritano di essere chiamati figli di Dio. Beati coloro perseguitati perché sostengono una giusta causa e per essa sono calunniati e biasimati giacché essi sono i cittadini prediletti del Regno dei Cieli. Di voi, amici miei, vorrei poter dire che siete il sale della terra perché, se così non fosse, essa con cosa potrà acquisire sapore? Se il sale va perso, nessuna cosa può aver sapore. Se la forza del bene in voi finisse per spegnersi, le vostre azioni diverrebbero un vano operare.

Per cui mostratevi come la luce del mondo, fate che il vostro agire illumini i vostri simili, che accenda quanto di meglio si trova nel cuore degli uomini, affinché essi imparino a volgere lo sguardo in alto, verso fini più elevati, verso il padre del cielo.

Non crediate che io sia venuto a fomentare l'inosservanza delle leggi, non sono qui per invalidarne il loro carattere vincolante, bensì per renderle complete, per infondere vita in uno scheletro morto. Cielo e terra possono anche passare, ma mai possono venire meno i precetti morali e il dovere di osservanza di quelli. Coloro che propagandano l'elusione delle leggi e loro stessi le infrangono non sono degni di essere considerati appartenenti al Regno di Dio; quanti, invece, vi si attengono fedelmente e insegnano agli altri a non deluderle saranno particolarmente apprezzati nel Regno dei Cieli. Ma ciò che io aggiungo, a completamento dell'intero sistema di leggi, è la condizione essenziale che voi non vi contentiate di attenervi a quanto prescritto dalla legge, allo stesso modo dei farisei e degli eruditi del vostro popolo, ma agiate nello spirito della legge mossi dal rispetto per il dovere. Cercherò di illustrarvi tutto questo prendendo ad esempio alcuni passi presi dal vostro libro della legge: conoscete bene l'antico comandamento che recita «non uccidere, chi uccide, deve essere condotto in giudizio». Ecco, io vi dico che non è solo la morte dell'altro a rendere punibile un crimine: chi si accanisce ingiustamente con un fratello, se anche non può essere sanzionato da un tribunale degli uomini, secondo la legge spirituale merita il castigo quanto quello. Chi dice al fratello stupido sarà sottoposto al sinedrio e a chi lo addita come pazzo verrà riservato il fuoco della Geenna.

Così vi è comandato di sacrificare delle offerte in determinati tempi. Se vi avvicinate all'altare e, giunti lì, rammentate di aver cagionato sofferenza a un vostro simile con un'offesa, lasciate la vostra offerta ai piedi dell'altare stesso e protendete la mano verso il fratello che avete offeso per riconciliarvi con lui, perché solo allora sarete graditi a Dio e avrete diritto di avvicinarvi all'altare.

Un altro comandamento prescrive di non commettere adulterio. Ecco, adesso io vi dico che non solo l'atto concreto è una colpa, ma lo è pure in generale la concupiscenza, sintomo di un cuore già ampiamente corrotto. Qualsiasi sia l'inclinazione, la più naturale o la più cara, avversatela con decisione, non lasciate che essa vi trascini oltre il diritto e poco a poco renda inutili le vostre massime, anche se, nel soddisfare la vostra inclinazione, nessuna legge verrà violata.

Un antico precetto raccomanda di «non giurare il falso», ma in generale, se avete rispetto di voi stessi, ogni assicurazione, ogni promessa con un semplice sì o no deve essere tanto onesta, tanto sacra e incrollabile quanto un giuramento operato in nome della divinità, perché il vostro sì o no dovete concederlo con la convinzione che non potrete far altro se non attenervi a quella risposta data per l'eternità.

Ragione per cui, se anche «occhio per occhio, dente per dente» è una legge civile, non fate che questa norma giuridica sia il criterio che adottate nella sfera privata per rispondere alle offese o per essere di aiuto a qualcuno. Sacrificate ogni brama di vendetta e tutti i vostri interessi, per quanto possano essere legittimi, ai più nobili sentimenti della pacatezza e benevolenza e mantenetevi indifferenti al possesso di beni materiali. Vi è stato inoltre comandato di provare amore verso i vostri amici e la vostra patria e, allo stesso tempo, di nutrire odio verso tutti coloro a voi nemici o stranieri. Io, invece, vi dico: rispettate l'umanità anche nei vostri nemici, se non vi riesce di amarli; augurate del bene a coloro che sperano per voi il peggio e guardate con benevolenza a coloro che non provano per voi altro che odio; intervenite in favore di coloro che tendono a calunniarvi e cercano, attraverso gli altri, di rendervi infelici, perché agendo in questo modo, simili alla bontà somma, che fa risplendere il suo sole tanto sui buoni quanto sui malvagi, diverrete i figli più cari del padre celeste. Infatti, se contraccambiate solo coloro che vi amano con lo stesso sentimento, dando per ricevere merce dello stesso valore, quale merito potrete rivendicare? Questa è una sensibilità connaturata, che mai viene meno pure nei criminali per cui, con essa, non avrete adempiuto al vostro dovere. La santità sia il vostro scopo, come santa è la divinità.

Fare elemosine e carità sono azioni auspicabili anche se, allo stesso modo dei comandamenti precedenti, non procurano merito se vengono esercitate per mettersi in mostra e non nello spirito della virtù. Per cui, se volete elargire ai poveri non strombazzatelo ai quattro venti per essere lodati dalla gente perché in questo modo si comportano gli ipocriti: fatelo in gran segreto, in modo che la mano sinistra non abbia notizia di come agisce la destra. La vostra ricompensa, se avete necessità di averne una a sprone, è il quieto pensiero di aver agito nel giusto e la consapevolezza che il mondo, per quanto non conosca il vostro agire, sia testimone dell'effetto prodotto dal vostro ben operare, fosse anche nel piccolo; l'aiuto che avete portato al sofferente, la consolazione che avete offerto al derelitto sono di per sé meritevoli di benefici di cui godrete per l'eternità.

Quando pregate, non fatelo alla maniera degli ipocriti che si inginocchiano nei luoghi di culto, uniscono le mani in strada o infastidiscono i vicini con le loro litanie per farsi notare dagli altri, perché la loro preghiera non porta frutti. Il vostro pregare all'aperto o nelle vostre case, sia un elevare il vostro animo sopra i piccoli scopi che si pongono gli uomini e le brame che li spingono ora di qua, ora di là, un elevarsi attraverso il pensiero del Santo che vi rammenti la legge scolpita nei vostri cuori riempiendovi di rispetto per quella, la quale si presenta invulnerabile a tutti gli stimoli dati dalle inclinazioni.

Non ponete l'essenza della preghiera nelle molte parole, tramite le quali gli uomini superstiziosi pensano di guadagnarsi la benevolenza della divinità o di procurarsi un ascendente su di essa e mettersi sul piano della sua eterna saggezza. Non siate in questo simili a loro, il padre vostro sa di cosa necessitate prima che voi vi siate data premura di chiederglielo: i bisogni naturali, i desideri dettati dalle vostre inclinazioni non possono dunque essere oggetto della vostra preghiera, come potreste sapere se dare a quelli soddisfazione sia scopo del progetto morale del Santo?

Lo spirito con cui vi avvicinate alla preghiera sia quello in cui voi, animati dal pensiero rivolto alla divinità, vi assumete innanzi ad essa l'impegno di consacrare l'intera vostra esistenza alla virtù. Questo spirito della preghiera, espresso *in parolem* lo si potrebbe sintetizzare come segue:

Padre degli uomini, al quale tutti i cieli sono sottomessi, sii tu il solo Santo, l'immagine che ci sta davanti a cui noi tendiamo, e possa giungere un giorno il tuo regno, un regno in cui tutti gli esseri raziocinanti assumano come regola delle loro azioni unicamente la legge. A questa idea vengano piegate poco a poco tutte le inclinazioni, compreso il richiamo della natura. Nel sentimento della nostra imperfezione innanzi alla tua volontà santa, come potremmo elevarci a giudici severi o esercitare la vendetta sui nostri fratelli?

Piuttosto dobbiamo lavorare su noi stessi per rendere migliore il nostro cuore, muovere le molle che favoriscono le nostre azioni e liberare sempre più la nostra disposizione morale dal male, per farci più simili a te, la cui santità e beatitudine è infinita.

Un elemento che possa farvi comprendere se progredite nella perfezione morale vi è stato dato ed è il crescere dell'amore che provate per i vostri simili e l'inclinazione al perdono. Non i beni terreni, che mai potranno essere interamente vostri, né oro, argento, bellezza o abilità, soggetti a un'inesorabile declino, al variare delle circostanze o alla ruggine del tempo, a essere rosicati dai tarli, siano i tesori che riempiono il vostro cuore. Custodite un tesoro in voi, un tesoro di moralità: solamente una ricchezza di questo genere potrà appartenervi nel vero senso del termine, perché essa conferisce al vostro io più veritiero un'energia che né la volontà malvagia degli uomini, né la morte possono vincere.

L'occhio funge da punto luce per il corpo, così, quando è sano, lo guida nel disbrigo di tutte le sue faccende, laddove, quando è difettoso, lo rende incapace di ogni azione. Allo stesso modo, quando la luce dell'anima, la ragione, viene oscurata, come potrebbe un qualsiasi impulso o una qualsiasi inclinazione ricevere indicazioni sulla giusta direzione a cui tendere?

Come non è possibile servire con il medesimo zelo due padroni, altrettanto il servizio da rendere a Dio e alla ragione è incompatibile con il servizio dei sensi; l'uno esclude l'altro o altrimenti viene a verificarsi una funesta e difficilmente risolvibile indecisione tra i due.

Ragione per cui vi ammonisco: sottraetevi alle perenni preoccupazioni del mangiare, del bere e del vestire, bisogni che rappresentano le maggiori premure per la maggior parte degli uomini e che, per l'importanza che essi gli attribuiscono, paiono essere il fine ultimo a cui l'umanità deve tendere. Non si trova forse nell'animo umano una necessità più sublime di quella?

Osservate gli uccelli che, liberi da ogni preoccupazione, affollano i cieli, essi non seminano, non mietono, non stipano il raccolto nei granai, il padre della natura ha provveduto altrimenti per il loro nutrimento. Ebbene, il fine per cui voi vi trovate su questa terra non è più elevato del loro? Non siete costretti dalla natura a impiegare tutte le vostre energie per soddisfare le esigenze dello stomaco. Voi ponete eccessiva cura a rendere migliore la forma in cui la natura vi ha forgiati, ma può la vostra vanità, nonostante gli accorgimenti e i rimedi, aggiungere anche un solo pollice alla vostra statura? Guardate i fiori di campo che oggi fioriscono e domani saranno fieno, sarebbe riuscito Salomone, in tutto il suo sfarzo, a imitare la libera bellezza della natura?

Disintossicatevi dunque dalle angosciose preoccupazioni per il vettovagliamento e il vestiario, fate che lo scopo più alto di ogni vostra premura sia il regno di Dio e la moralità attraverso cui diverrete degni di entrarvi verrà da sé.

Non siate troppo severi nel giudicare gli altri, poiché lo stesso criterio di cui vi avvalete sarà riservato anche a voi e questo potrebbe sovente non giocare a vostro vantaggio. Perché guardate compiaciuti la più piccola scheggia nell'occhio altrui e mai vedete la trave che grava nel vostro?

Agite secondo la massima che recita: 'Fate agli altri quanto vorreste fosse da loro riservato a voi'.

Questo è il fondamentale principio della moralità, il contenuto più rilevante presente in ogni stato di diritto e in tutti i libri sacri di ogni popolo. Percorrendo questa via, entrerete nel tempio della virtù; certo, il passaggio tramite cui vi si accede è stretto e il sentiero che là conduce non può dirsi esente da pericoli. E ricordate pure che troverete pochi compagni disposti ad avventurarsi con voi perché assai più ricercato è il palazzo del vizio e della corruzione, a cui si ha facile accesso, al termine di un pianoro, tramite un portone sempre aperto.

Lungo il cammino, guardatevi dai falsi maestri che si avvicinano a voi con l'aspetto mansueto di un agnello sotto cui celano la ferocia del lupo selvaggio. Voi avete un segno sicuro per avvedervi del loro camuffarsi giudicandoli secondo le loro opere. Si raccolgono forse grappoli d'uva dai pruni o fichi dai cardi? Ogni albero buono reca ottimi frutti, così come ogni albero cattivo ne porge di pessimi, ragione per cui quello che presenta frutti cattivi non è un albero buono e non è marcio quello che ne offre di buoni.

È quindi dai frutti che daranno che li riconoscerete. Dalla ricchezza di un cuore generoso fuoriesce il bene, dalla pienezza di un cuore cattivo non può che scaturire il male. Non lasciatevi ingannare dalle parole della religiosità. Non tutti coloro che pregano Dio e gli offrono sacrifici appartengono al suo regno: lo è solo colui che adempie alla volontà di Dio, rivelata all'uomo dalla legge che gli viene imposta dalla sua ragione. Molti, trovandosi al cospetto del giudice del Mondo, diranno: 'Signore, quando compivamo miracoli, quando scacciavamo spiriti maligni e ci impegnavamo in altre grandi questioni, non facevamo tutto questo in tuo nome? Non ti abbiamo lodato e ringraziato per tutto ciò in quanto opere tue?'

Allora, verrà risposto loro: 'Che importanza hanno i vostri miracoli, le profezie e le grandi azioni? Si trattava di fare questo? Dio non annovera, tra i suoi, voi dispensatori di prodigi, voi esecutori di grandi azioni, voi profeti: non siete cittadini del suo regno! Agendo in tal modo, avete lavorato nel male, la moralità sola può allietare Dio!

Colui che ha ascoltato questi principi e li ha resi propri io lo paragono a quel saggio uomo che ebbe forgiata la sua casa nella roccia. Poiché quella sua dimora, quando vi fu bufera e i venti spazzarono via ogni cosa, date le solide fondamenta su cui era basata, non fu travolta. Chi, invece, prestò ascolto a questo insegnamento ignorandolo, lo paragono a uno sciocco che, eretta la sua abitazione sulla sabbia, piange perché alla prima brezza marina è stata spazzata via».

Questo discorso destò grande impressione nei presenti, perché egli si espresse con energia e cognizione di causa e i temi trattati erano quelli che, più di ogni altro, interessavano all'umanità. L'afflusso di gente che accorreva per ascoltare Gesù, da quel momento in poi, crebbe notevolmente e con esso aumentò anche l'attenzione con cui i farisei e i sacerdoti ebraici guardavano a lui. Per sfuggire allo strepitare di quella moltitudine e alle insidie portategli dal clero ebraico e dai farisei, egli spesso si ritirava in solitudine.

Durante il suo soggiorno in Galilea, transitando per caso davanti a un posto di dogana vide lì seduto un funzionario di nome Matteo, che invitò a far parte della sua cerchia e che, in seguito, ritenne meritevole della sua più intima familiarità. Egli mangiò in compagnia di Matteo e di altri funzionari e, poiché gli ebrei ritenevano i *doganieri* sinonimi di *peccatori*, i farisei si mostrarono meravigliati del comportamento tenuto da Gesù. Giunta la cosa alle orecchie di quest'ultimo, egli disse loro: «Non sono i sani a necessitare del medico, ma i malati. Per cui, durante il cammino, meditate sul significato da dare a quanto, da qualche parte, è scritto nei vostri libri sacri: «Non il sacrificio, ma la rettitudine mi è gradita».

Alcuni discepoli di Giovanni Battista notarono con dispiacere che, mentre loro e i farisei osservavano molti digiuni, altrettanto non facevano i discepoli di Gesù.

Gesù, interrogato sula questione, rispose: «Perché dovrebbero mostrarsi tristi senza averne un reale motivo? Verranno giorni in cui ad essi, come avvenne per voi, verrà strappato il loro maestro, allora sì che avranno una ragione valida per praticare il digiuno, se lo vorranno! Perché dovrei pretendere da chi mi segue un rigore di quel genere nel modo di vivere? Non si accorderebbe con gli usi di loro consuetudine, né con i miei principi, che come non attribuiscono alcun valore a una parvenza di esteriorità severa e triste, ancor meno consentono di imporre ad altri di assoggettarsi a certe usanze».

Poiché, di lì a breve, si sarebbe celebrata la festività pasquale, anche Gesù si recò a Gerusalemme; durante il suo soggiorno in città, tra gli ebrei suscitò grande scandalo che egli rendesse a un ammalato un amorevole servizio nel giorno di sabato. In tale atto, essi ravvisarono una profanazione di quel giorno considerato sacro; la presunzione di ritenere non vincolante un comandamento dettato da Dio in persona, di arrogarsi un diritto che spettava unicamente a Dio e di equiparare se stessi all'autorità divina.

Gesù, in merito, dette loro la seguente risposta: «Laddove voi stimate i vostri statuti ecclesiastici e i comandamenti da essi impartiti come legge suprema a cui l'uomo deve sottostare, negate ogni dignità dell'uomo, perché dubitate che egli sia capace di portare e crescere dentro sé il concetto del divino e di giungere con mezzi propri alla conoscenza profonda della sua volontà. E io vi dico: chi non onora in sé questa facoltà, mostra di non avere alcun rispetto per ciò che è di natura divina. Ciò che l'uomo definisce il suo io, il quale, sublime al di là della tomba e della putrefazione, determina quale ricompensa abbia egli meritato, è capace di giudicare se stesso. Esso si presenta come ragione, la cui legislazione dipende da sé medesima e alla quale nessun'altra autorità sia essa di cielo o di terra può imporre un altro criterio di orientamento.

Quanto io insegno non lo tramando come un pensiero di mia proprietà e non pretendo che qualcuno lo accolga per imposizione (io lo sottometto al giudizio della ragione universale, che può indurre ognuno a credere o non credere), perché ciò che vado cercando non è la gloria. Ma come potete voi porre la ragione come criterio supremo della conoscenza e della fede, se non avete mai avvertito il richiamo della divinità, se non avete mai posto attenzione all'echeggiare di questa voce nei vostri cuori, né a colui a cui appartiene?

Vi credete i soli a sapere quale possa essere la volontà di Dio e fate oggetto della vostra ambizione l'onore, che, a vostro dire, spetterebbe prima a voi che a tutti gli altri figli dell'uomo! E, poiché vi richiamate a Mosè, fondate la vostra fede sull'autorità estranea di un singolo individuo! Leggete attentamente i vostri libri sacri. Se a quelli vi accosterete con spirito di verità vi troverete testimonianza di questo spirito e, al tempo stesso, dell'accusa mossa contro di voi a causa del vostro orgoglio, che si compiace nel suo limitato orizzonte, non consentendovi di mirare a qualcosa di più elevato della vostra scienza priva di spirito».

Ai farisei non mancarono le occasioni per rimproverare Cristo e i suoi discepoli di aver profanato il sabato. Un giorno in cui egli e i suoi amici passeggiavano in un terreno coltivato a grano, per placare i morsi della fame i discepoli strapparono delle spighe, cibandosi dei chicchi (un'azione la seconda che a differenza della prima era permessa). Dei farisei presenti li videro e non mancarono di redarguire Cristo per il comportamento dei suoi seguaci, i quali avevano compiuto una cosa che, nel giorno di sabato, era proibita.

Gesù rispose loro: «Avete forse dimenticato la storia del vostro popolo?' Avete dimenticato di Davide, il quale mangiò i pani consacrati del tempio e li distribuì anche ai suoi compagni? E che i sacerdoti anche il sabato hanno molti servizi da eseguire nel tempio? Forse, che siano svolti nel tempio rende leciti questi servizi?

Io vi dico che l'uomo è più di un tempio. È l'uomo e non un dato luogo che santifica le azioni o le rende impure. Il sabato è ordinato per amore dell'uomo, non per amore del sabato in sé, di cui l'uomo rimane padrone. Se aveste riflettuto su quanto in un'altra occasione dissi ad alcuni della vostra classe, ovvero, cosa significhi: 'Dio vuole amore, non sacrifici', non avreste certo biasimato degli innocenti».

Allo stesso modo, un sabato successivo, in una sinagoga, i farisei, appurato che era presente un uomo con una mano offesa, gli domandarono se fosse consentito curarla in quel giorno per avere così occasione, in caso di risposta errata, di incolparlo.

Gesù, disse: «Chi tra voi non soccorrerebbe una pecora di sua proprietà se di sabato gli cadesse in una fossa? Un uomo vale forse meno del bestiame? Lasciate dunque che una buona azione possa essere compiuta anche di sabato!»

Già da molti esempi risultano evidenti le malvagie intenzioni dei farisei verso Gesù e da quel momento infatti, essi si allearono con Erode per liberarsi di lui appena se ne fosse presentata occasione.

Successivamente, Gesù, tenuti segreti i suoi spostamenti e raccomandando a coloro che accorrevano a sentirlo di non rendere noto dove si recavano e a fare cosa, andò in Galilea.

Lì, tra i molti suoi seguaci Gesù, poiché si era avvisto che la vita e la forza di un uomo non erano sufficienti per istruire alla moralità un'intera nazione, ne scelse dodici che sottopose a un particolare insegnamento per renderli adatti a sostenerlo nella diffusione della sua dottrina e per tramandare loro il suo spirito. I loro nomi sono riportati in Marco al cap. 3[68].

Nell'occasione in cui Giovanni aveva invitato alcuni dei suoi amici da Gesù per interrogarlo sugli scopi del suo insegnamento, questi rimproverò i farisei per la freddezza con cui essi avevano accolto l'invito di Giovanni a migliorarsi.

Disse: «Quale curiosità, appurato che non covate alcun desiderio di migliorarvi, vi ha spinti fin nel deserto? Forse quella di incontrare un uomo simile a voi, senza nerbo, che cambia le proprie massime a seconda di ciò che più gli conviene? Una canna scossa dal vento in ogni direzione? Un uomo in abiti sfarzosi, avvezzo allo spreco? Questi non potete incontrarli nel deserto,

---

68 Ndt. «Salì poi sul monte e chiamò a sé quelli che egli stesso volle; ed essi andarono da lui. E ne stabilì dodici perché stessero con lui e per mandarli a predicare col potere di scacciare i demoni. Stabilì dunque dodici: Simone, al quale impose il nome di Pietro, Giacomo, figlio di Zebedeo, Giovanni, fratello di Giacomo, ai quali diede il soprannome di Boanèrghes, cioè figli del tuono. Andrea, Filippo, Bartolomeo, Matteo, Tommaso, Giacomo figlio di Alfeo, Taddeo, Simone il cananeo e Giuda Iscariota, colui che poi lo tradì».

stanno nei palazzi riservati ai re! Forse, credevate di incontrare un aruspice? Un taumaturgo? Non vi bastava Giovanni? Egli era più di tutto questo! Accolto benevolmente dalla gente comune, a lui non è stato possibile rendere i cuori dei farisei e degli scribi ortodossi sensibili al bene. A cosa paragonerò dunque questo genere di uomini? Forse a fanciulli che, giocando sulla piazza del mercato, gridano ad altri: 'Abbiamo suonato il piffero e voi non avete ballato! E se anche abbiamo intonato motivi tristi, ciò non è valso a strapparvi una lacrima!'. Così, se Giovanni non mangia pane e non beve vino voi dite: 'È di cattivo umore'. E allo stesso modo poiché io mi nutro e bevo come chiunque altro voi asserite: 'Quell'individuo è un mangione, un ubriacone e frequenta gentaglia'. Ma la saggezza e la virtù non se ne badano. Troveranno i loro adoratori che sapranno tenerle nel giusto valore».

Nonostante questo rimprovero un fariseo di nome Simone lo invitò a pranzo. Una donna, che probabilmente doveva molto all'insegnamento di Gesù, venuta a sapere della cosa, entrò nella stanza dove egli si trovava con un recipiente di prezioso unguento. La vista di quell'uomo virtuoso e la consapevolezza della vita peccaminosa ch'ella conduceva fecero sì che scoppiasse in un pianto e si gettasse ai piedi di Gesù per ringraziarlo di averla ricondotta sulla retta via: quindi, dopo avergli baciato i piedi, averli detersi con le sue lacrime e asciugati con i suoi capelli, lì unse con il prezioso unguento che aveva recato con sé. La benevolenza con cui Gesù accolse queste manifestazioni di riconoscenza provenienti da un cuore pentito, il fatto che non respinse la donna con decisione, offese i farisei, i quali diedero a vedere nelle espressioni di non gradire che Gesù trattasse una donna di cattiva fama con tanta comprensione.

Gesù, avvistosi della loro irritazione, disse a Simone. «Avrei qualcosa di cui metterti a parte».

«Parla», lo invitò Simone.

«Un creditore aveva due debitori, l'uno impegnato per cinquecento denari, l'altro per cinquanta ai quali condonò il debito perché non versavano nelle condizioni economiche adeguate a restituirlo. Quale dei due nutrirà maggiore riconoscenza per lui?»

«Ovviamente quello, rispose Simone, «che ha avuto più da guadagnarne, ovvero colui che ha ricevuto di più».

«Ovviamente», ribatté Gesù e, indicando la donna, aggiunse: «E tuttavia guarda.. Sono venuto nella tua casa e tu non mi hai offerto acqua per lavarmi i piedi, mentre lei li ha detersi con le sue lacrime e asciugati con i suoi capelli; tu non mi hai baciato, mentre lei ha ritenuto dignitoso baciarmi persino i piedi; tu non hai unto il mio capo, mentre lei ha cosparso i miei piedi di un prezioso unguento. A una donna che è capace di donare tanto amore, sono perdonati i suoi errori, anche se sono numerosi. L'assenza di queste dimostrazioni di affetto non mostra invece il ritorno immediato alla virtù.

«Che piacere divino», disse poi rivolto alla donna, «è assistere a questa vittoria della fede! Vai in pace!»

Gesù proseguì poi il suo cammino per città e villaggi, predicando ogniqualvolta se ne presentava l'occasione: lo accompagnavano i suoi dodici apostoli e delle donne, alcune delle quali facoltose, che, con il loro patrimonio, provvedevano al sostentamento di tutta la compagnia. Una volta sottopose loro, durante una grande adunanza, la parabola che segue (ovvero un racconto di fantasia che espone in modo coerente un certo insegnamento, ben diverso dalle favole e i miti dove i protagonisti sono animali o creature allegoriche).

Un contadino, uscito per spargere la semente, ne perse una parte lungo la strada. Di quella, un po' venne calpestata, altra mangiata dagli uccelli, un po' precipitò su un fondo roccioso, dove la terra scarseggiava. Quest'ultima germogliò in tempi rapidi, ma, poiché non aveva radici profonde, poco a poco, a causa dell'eccessiva calura appassì; altra semente scivolò tra i rovi che una volta cresciuti la soffocarono e un ultima parte finita in terra adatta alla coltivazione diede frutti per trenta, sessanta, cento volte.

Quando i discepoli chiesero a Gesù perché egli dispensasse al popolo i suoi insegnamenti in parabole, egli rispose loro: «Voi mostrate di avere una particolare sensibilità per le sublimi idee del regno di Dio e della moralità che in esso costituisce diritto civile, ma l'esperienza mi ha insegnato che esse sono parole non comprese dagli ebrei che comunque vogliono ascoltare qualcosa da me. I loro radicati pregiudizi non permettono alla nuda verità di penetrarne i cuori. Colui che ha la predisposizione ad accogliere in sé qualcosa di meglio può trarre vantaggio dai miei insegnamenti, ma a chi è privo di uno spirito accogliente niente può giovare, neppure la piccola concezione del bene che il loro animo potrebbe avere. Essi hanno occhi, ma non vedono, hanno orecchie e non sentono, per questo mi sono rivolto a loro tramite similitudine che adesso voglio chiarire.

La semente sparsa è la conoscenza della legge morale. A coloro che hanno occasione di pervenire a questa conoscenza e non la afferrano saldamente, un fascinoso seduttore estirpa facilmente dal cuore il poco bene che vi era stato seminato. E questa è la semente andata persa lungo la strada.

Quella che finì sul fondo roccioso è la conoscenza che, prima accolta con gioia, non avendo radici profonde, si è piegata facilmente alle circostanze e alle necessità del vivere quotidiano. La semente che finì tra i rovi è la condizione in cui versano coloro che hanno sentito parlare della virtù, ma si sono persuasi a ignorarla, cedendo alla seduzione ingannatrice della ricchezza che, priva di frutti, è fine a se stessa. La semente, invece, che trovò terreno adatto è la voce della virtù che, qualora compresa, porta frutti trenta, sessanta, cento volte».

Egli, sottopose loro anche ulteriori parabole: «Il regno di Dio si può paragonare a un campo che il proprietario ha seminato con eccellente semente. Una notte, mentre il contadino riposava, un suo nemico seminò erbacce tra il grano e si allontanò furtivamente. Quando i semi iniziarono a mutare in spighe, crebbe anche l'erba cattiva e i servì domandarono al padrone: 'Se tu hai seminato semente pura, perché mai il campo è invaso da erbacce?'.

'Un mio nemico deve averla seminata', disse il padrone.

'Vuoi che le strappiamo dalla terra?', chiesero ancora i servi. 'No', ribatté l'assennato padrone, 'perché con l'erba cattiva strappereste anche le spighe di grano. Lasciamo crescere entrambi insieme fino a quando verrà il momento del raccolto, poi comanderò a coloro destinati alla mietitura di separare le erbacce dal grano, di conservare il secondo e liberare il terreno dalle prime'».

Quando Gesù si trovò solo con i suoi discepoli ed essi gli chiesero spiegazione di quanto sopra, egli disse loro quanto segue: «Il seminatore della buona semente rappresenta gli uomini buoni che, con l'esempio, richiamano l'attenzione dei loro simili sulla virtù. Il campo è il mondo. La semente buona rappresenta gli uomini migliori, l'erbaccia i viziosi. Il nemico che semina l'erba cattiva rappresenta le seduzioni e i seduttori. Il tempo del raccolto è l'eternità, la rimuneratrice del bene e del male: in questo mondo, la virtù e il vizio sono uniti l'uno all'altra troppo strettamente perché il secondo possa essere estirpato senza recare danno alla prima».

Gesù paragonò poi il regno del bene a un tesoro sotterrato in un campo, che, una volta scoperto da un uomo, quegli provvede a occultare nuovamente e, pazzo di gioia, vende tutto ciò che possiede per acquistare il terreno in cui è collocato; oppure a un commerciante in cerca di preziosi che, ravvisatone uno di valore inestimabile, investe tutto ciò che ha per venirne in possesso; oppure a un pescatore che, presi nella sua rete un'ingente quantità di pesci di ogni genere, li scarica a riva dove, posti i buoni nel cesto, si disfa di quelli non commestibili. In questo modo si distingueranno gli uomini buoni da coloro malvagi nel tempo del grande raccolto.

Per un altro aspetto, paragonò il regno del bene con un seme di senape, il quale, pur essendo piccolo, cresce fino a diventare una grande pianta imperitura, dove gli uccelli possono nidificare; e anche con un poco di pasta lievitata che, con tre staia di farina, lievita l'intera massa. Con il regno del bene accade come per la semente che, seminata, cresce senza cure e senza che nessuno la noti, perché la terra ha per natura una propria forza vitale, grazie alla quale il seme germoglia, cresce e porta spighe piene.

Nel frattempo, erano venuti a fare visita a Gesù alcuni suoi parenti, i quali non riuscirono ad avvicinarsi a lui a causa della folla che lo circondava.

Quando Gesù fu informato della cosa disse: «I miei fratelli e parenti sono coloro che ascoltano la voce del divino e ne osservano le leggi».

Avuta notizia che Giovanni era stato assassinato, si fece traghettare sulla sponda orientale del lago Tiberiade da dove, trattenutosi tra i gadareni[69] un po' di tempo, fece ritorno nuovamente in Galilea. In quel periodo, Gesù invitò i suoi discepoli a contestare come lui i pregiudizi degli ebrei, i quali, fieri del loro nome e della loro discendenza, ponevano questo 'grande privilegio' al di sopra dell'inestimabile valore che la moralità conferisce all'uomo: «Non necessitate di grandi preparativi per il vostro viaggio», disse Gesù: «né di disperdere energie annunciando il vostro arrivo. Dove vi sarà dato ascolto trattenetevi un po' di tempo: non imponete la vostra presenza laddove non è gradita, abbandonate quel luogo e proseguite nel vostro cammino».

Pare che essi non abbiano impiegato molto a far ritorno presso Gesù.

Una volta Gesù si trovò in una compagnia di farisei e dottori della legge provenienti da Gerusalemme, i quali si avvidero che i discepoli del redentore si sedevano a tavola con mani impure, ovvero sporche. Gli ebrei, seguendo un precetto che trovava fondamento sull'usanza, non si nutrivano prima di essersi lavati accuratamente e prima che posate, recipienti, vasi, sedie e tavoli, già detersi, fossero spruzzati nuovamente con acqua.

I farisei chiesero a Gesù: «Perché i tuoi seguaci non vivono secondo i precetti dei nostri padri e siedono a tavola con le mani non consacrate?»

Gesù rispose: «Vi si addice particolarmente un passo dei vostri libri sacri che recita: «Questo popolo mi serve con le labbra, il vostro cuore però è lontano da me; la loro adorazione è priva di anima, poiché consiste nel seguire regole arbitrarie». Voi non rispettate il volere divino attenendovi esclusivamente

---

69 Ndt. Nome degli abitanti di una regione in cui Cristo Gesù espulse dei demoni da due uomini. Secondo i migliori manoscritti disponibili, Matteo usò l'espressione «paese dei gadareni», mentre Marco e Luca, nel riferire l'avvenimento, usarono l'espressione «paese dei geraseni»(Mt 8:28; Mr 5:1; Lu 8:26). Entrambi i paesi si trovavano sulla riva orientale del Mar di Galilea. La designazione «paese dei gadareni» si riferiva forse ai dintorni della città di Gadara (attuale Umm Qeis), circa 10 km a sudest del Mar di Galilea. Sulle monete di Gadara spesso compare un'imbarcazione, a indicare che il suo territorio forse si estendeva fino al Mar di Galilea e poteva perciò includere almeno parte del «paese dei geraseni».

a usanze umane, quali la consacrazione con l'acqua dei boccali, delle sedie e facezie simili, in cui vi mostrate particolarmente scrupolosi. Un comando divino che avete abolito per rimanere fedeli ai vostri statuti ecclesiastici, riporta: 'Onora tuo padre e tua madre, chi rivolge parole indegne contro il padre e la madre è passibile di morte'.

E, in sua vece, avete emanato un'altra legge, che decreta verso chi, preda di un impulso di rabbia, ha detto ai suoi genitori: 'I servigi che potrei rendervi o il bene che potrei arrecarvi siano destinati al tempio' un voto, riconoscendo peccato se costui che lo ha contratto si spende per il padre o la madre. Agendo in questo modo, annullate una legge divina, sostituendola con la vostra, come già avete fatto con parecchi altri ordinamenti».

Gesù disse inoltre alla moltitudine che lo circondava: «Ascoltatemi e comprendete quanto vi dico. Niente di quello che l'uomo accoglie dall'esterno può renderlo impuro, solo quello di cui egli è autore, ciò che esce dalle sue labbra, rivela se la sua anima è pura o impura».

I suoi discepoli intesero fargli presente che i farisei si scandalizzavano di questi discorsi e lui ribatté: «Lasciate che si indignino, piantagioni simili, che provengono dall'uomo, devono essere estirpate. Essi sono non vedenti che indicano la strada a ciechi e io, a queste guide sciagurate, vorrei strappare il popolo, affinché, seguendole, non cada anch'esso nel baratro».

Quando la gente si disperse e Gesù fece ritorno a casa, i suoi amici gli chiesero spiegazioni su quanto aveva detto alla folla in merito alle cose pure e impure.

«Come?», ribatté lui, «anche voi ancora non capite? Non comprendete che ciò che entra dalla bocca dell'uomo viene lavorato nello stomaco e passa agli intestini, per essere poi sgombrato attraverso la fogna? E che quanto esce dalla bocca, provenendo dall'animo umano, possa essere puro o impuro, santo o deprecabile, perché dall'animo, talvolta, vengono anche i pensieri malvagi che spingono all'omicidio, all'adulterio, alla falsa testimonianza, alla diffamazione, all'invidia, alla dissolutezza, all'avarizia. Sono questi vizi che profanano l'uomo, non il fatto di astenersi dal consacrare le mani con l'acqua prima di sedersi a tavola».

Al tempo della festa ebraica dei tabernacoli[70], i parenti stretti di Gesù lo esortarono a recarsi con loro a Gerusalemme, per proporsi su un palcoscenico più grande rispetto a quello delle città e dei villaggi della Giudea. Egli, però, rispose che, se loro non avevano niente da temere, per lui non era opportuno presentarsi a Gerusalemme dopo aver detto chiaramente agli ebrei che le loro usanze erano da ritenersi malvagie. E, tuttavia, solo pochi giorni dopo che i suoi parenti avevano lasciato la Galilea, anche Gesù in gran segreto partì per Gerusalemme. Là lo si attendeva, sia perché era un ebreo, sia perché il giudizio espresso dal popolo su di lui, specialmente degli abitanti della Galilea, non era unanime. Una parte lo reputava un uomo pio, un'altra un ammaliatore, mentre coloro provenienti dalla Galilea non osavano esprimersi su di lui per non avere a subire ritorsioni dagli ebrei. Solo quando, trascorsi alcuni giorni, la festività fu all'apice, Gesù si recò al tempio a diffondere il suo insegnamento. Là gli ebrei presenti si stupirono delle conoscenze da lui messe in mostra, perché sapevano che non aveva frequentato alcuna scuola.

Allora, Gesù disse loro: «La mia dottrina, non essendo opera di fantasia degli uomini, la si può apprendere senza troppa fatica. Colui il quale, senza pregiudizi, si è proposto di seguire la genuina legge della moralità potrà facilmente esaminarla e verificare se essa sia frutto o meno del mio ingegno.

Chi è interessato alla propria fama, dà grande valore alle speculazioni e alle leggi degli uomini, mentre chi persegue sinceramente la gloria di Dio è abbastanza onesto da rigettare quelle invenzioni che gli esseri umani hanno affiancato alla legge morale, o talvolta hanno ammesso in sostituzione di quella. So che voi mi

---

70 Ndt. La festa di Sukkot o dei Tabernacoli, anche chiamata Festa delle Capanne, ricorda la vita del popolo di Israele nel deserto durante il loro viaggio verso la terra promessa, la terra di Israele. Durante il loro pellegrinaggio nel deserto essi vivevano in capanne («sukkot»). La Torah ordina agli ebrei di utilizzare, per la celebrazione della festa, quattro specie di vegetali: il «lulav», (un ramo di palma), «l'etrog» (un cedro), un ramo di mirto e un ramo di salice. Il cedro viene impugnato separatamente dai rami, che invece sono legati assieme.

odiate e tramate addirittura di uccidermi, perché ho asserito che
è lecito guarire un uomo di sabato, ma Mosè non vi ha permesso
forse di circoncidere in quel giorno sacro? E allora, non dovrebbe essere ancora più apprezzato agire per rendere salva la vita a un
uomo malato?» Alcuni cittadini di Gerusalemme che stavano
ad ascoltarlo, fatto presente nei loro discorsi di aver appreso di
una supposta trama ordita dal sinedrio per mandarlo a morte, si
dissero meravigliati perché, se quel proposito aveva fondamento,
mai lo avrebbero lasciato libero di esprimersi in pubblico.

Il messia, che gli ebrei attendevano per ristabilire lo splendore
del loro culto, non poteva certo essere Gesù, di lui sapevano di
dove fosse originario e il vero messia, come indicato dalle profezie, si sarebbe manifestato senza preavviso. Così a Gesù si opponevano sempre i pregiudizi degli ebrei, i quali chiedevano non
un maestro che cercasse di migliorarne usi e costumi, inducendoli ad abbandonare i pregiudizi contrari alla moralità, ma un
Messia che accorresse a liberarli dal giogo dei romani. E questo
Gesù non era.

I servitori dei membri del sinedrio, che informarono il consiglio che Gesù si trovava nel tempio, vennero rimproverati per
non averlo subito condotto prigioniero da loro. Ma essi si scusarono, asserendo che, non avendo mai sentito alcuno esprimersi
in quel modo, non avevano osato interromperlo.

Allora i farisei dissero loro: «Come? Ha forse già sedotto
anche voi? Vedete forse un membro del sinedrio o un fariseo
che ne abbia considerazione? Solo il popolino ignorante si lascia trarre in inganno da lui».

Quando Nicodemo, che in una occasione aveva nottetempo fatto visita a Gesù, fece presente loro che, secondo le disposizioni di legge, non si poteva condannare alcuno, senza
prima averne ascoltato la testimonianza e avere comprovata
conferma delle sue azioni illegittime, gli altri gli rinfacciarono
di essere lui stesso un seguace del Galileo, di un uomo proveniente da una regione da cui certo non ci si poteva aspettare
un profeta. Poi, senza aver preso alcuna decisione in merito a
Gesù, o così pare, il sinedrio si sciolse.

Gesù trascorse la notte sul Monte degli Ulivi o forse in Betania, dove contava dei conoscenti, poi tornò nuovamente in città e, più precisamente, al tempio.

Mentre, là, insegnava ad alcuni dottori della legge e farisei, portarono una donna che era stata sorpresa in adulterio e la posero nel mezzo quasi per tenere giudizio contro di lei. E, poiché la legge di Mosè richiedeva la lapidazione della donna per una colpa simile, esposero il caso a Gesù, chiedendogli quale fosse, in merito, il suo pensiero.

Gesù, compreso che gli si stava tendendo un tranello, finse di non avere udito niente e, chinatosi, prese con un dito a delineare figure nella sabbia. Poi, visto che quelli insistevano per conoscere la sua opinione, si alzò e disse: «Chi tra voi sa di essere senza peccato, scagli la prima pietra su di lei».

Quindi, riprese a disegnare figure nella sabbia.

A seguito di quella sua risposta, i dottori della legge si allontanarono di soppiatto uno dopo l'altro e Gesù rimase solo con l'adultera, alla quale chiese: «Dove sono i tuoi accusatori? Nessuno ti ha giudicata?»

«Nessuno», rispose ella.

«Neppure io ti condanno», disse Gesù. «Vai in pace e, in futuro, cerca di evitare di agire nel torto».

Durante un ulteriore discorso pubblico tenuto da Gesù nel tempio, i farisei gli si opposero, chiedendogli quale prove poteva addurre che garantissero a se stesso e agli altri la correttezza dei suoi insegnamenti. Essi, per parte loro, avevano la fortuna di avere una costituzione e delle leggi legittimate appieno dalle solenni rivelazioni della divinità.

Gesù rispose: «Ritenete forse che la divinità possa aver gettato nel mondo l'essere umano abbandonandolo alla natura, senza una legge, senza coscienza del fine ultimo della sua esistenza, senza la capacità di poter trovare in se stesso come farsi prossimo e gradito a lei? Credete che la conoscenza della legge morale sia cosa da accreditare alla buona sorte? Che essa sia stata concessa unicamente a voi, a questo angolo della terra, privandone per chissà quale misteriosa ragione, tutti gli altri popoli del pianeta? Questo vi suggerisce l'egoistica limitatezza delle vostre teste! Io mi attengo solamente alla voce non contaminata del mio cuore e della mia coscienza. Chi le ubbidisce rettamente, viene illuminato da lei con la verità. Io dai miei discepoli pretendo unicamente che diano ascolto a questa voce. Questa legge interiore è una legge della libertà a cui l'uomo si sottomette liberamente perché è da se stesso che proviene. Voi siete schiavi perché state sotto il giogo di una legislazione che vi è stata imposta dall'esterno, che non ha il potere di strapparvi dal servizio e, nel rispetto di voi stessi, darvi la possibilità di rispondere alle vostre inclinazioni».

L'accoglienza che Gesù aveva trovato a Gerusalemme, la disposizione di spirito degli ebrei contro di lui e in particolare del clero, il quale aveva preso la decisione di scomunicare ed escludere dalla partecipazione al servizio divino e all'insegnamento pubblico coloro che lo ritenevano il messia atteso dagli ebrei (titolo che Gesù mai aveva pubblicamente rivendicato), questa palese avversione fu per lui presagio delle violenze che ancora avrebbe dovuto sopportare.

Egli mise a parte di questo suo triste pensiero i suoi discepoli: «Speriamo che così non sia», si augurò Pietro: «che Dio ci assista!»

Allora, Gesù rispose: «Come? Sei così debole da non essere pronto a tutto questo? O da credere me non all'altezza? Il tuo pensiero è ancora troppo dipendente dal mondo dei sensi! Ancora non conosci la forza divina che rende il dovere il movente per vincere, per amor suo, le pretese delle inclinazioni e persino l'amore per la vita!»

Quindi, rivolgendosi agli altri discepoli, aggiunse: «Chi intende seguire la virtù deve sapersi imporre delle rinunce, chi le vuole restare fedele deve essere pronto persino a sacrificare la propria vita; chi ama troppo la sua vita finirà per degradare la propria anima, chi la disprezza rimanendo fedele al suo io migliore, salva questo dalla coercizione della natura. Quale valore rimarrebbe all'uomo che, per avere il mondo intero in pugno, fosse disposto a umiliare il suo sé? A quanto dovrebbe ammontare un indennizzo per la virtù andata persa? Un giorno, l'oppresso risplenderà di beatitudine e la ragione stessa, stabilita nei suoi diritti, determinerà per ognuno la ricompensa delle sue azioni».

Dopo il soggiorno a Gerusalemme, che si rivelò più lungo di quelli che Gesù faceva abitualmente (rimase là dalla festa dei tabernacoli fino alla festa delle dedicazioni[71] di dicembre), egli tornò per l'ultima volta in Galilea, la regione che più di tutte aveva fatto da fondale alla sua esistenza, dove non si dedicò, come prima, a insegnare alle folle, ma a formare i suoi discepoli. In Cafarnao, gli fu richiesto il tributo annuale in favore del tempio.

«Che ne pensi Pietro», disse Gesù a questi, mentre entrava in casa con lui: «i re della terra esigono le tasse dai loro figli o dagli altri?»

«Dagli altri», rispose Pietro.

«Per cui i figli ne sarebbero esentati», osservò Gesù: «noi, in quanto seguaci del vero spirito della parola, dimostriamo di amare Dio con la nostra buona condotta. Di conseguenza, non dovrebbe esserci richiesto di contribuire al mantenimento del tempio. Tuttavia, ritengo giusto pagare il nostro tributo, affinché nessuno possa scandalizzarsi, ritenendo che proviamo disprezzo per qualcosa che essi reputano sacro».

Tra i discepoli di Gesù, si scatenò una disputa circa il rango che sarebbe spettato a ognuno nel regno di Dio, qualora in avvenire si fosse manifestato. Discutendo di questo, legavano ad esso idee ancora parecchio grossolane, dimostrando in tal modo di non essere del tutto liberi dalla concezione ebraica di un regno mondano e di non ritenere il regno di Dio un regno di purezza e bene, in cui, a farla da padrone, erano la ragione e la legge.

Gesù ascoltò con tristezza e, quando ebbero finito, chiamò a sé un bambino e disse loro: «Se non fate ritorno all'innocenza, al candore e alla modestia che possiede questo fanciullo, non sa-

---

71 Ndt. La Festa della Dedicazione, anche conosciuta come Festa delle Luci, in ebraico prende il nome di khanukàh, che significa «dedica». Essa commemora la consacrazione o dedicazione di un nuovo altare nel Tempio di Gerusalemme. La festa di Khanukàh fu istituita da Giuda Maccabeo e dai suoi fratelli, che avevano iniziato la rivolta contro i conquistatori, per celebrare la liberazione del Tempio gerosolimitano dall'usurpatore greco.

rete mai ammessi al regno di Dio. Chi, al cospetto degli altri, si ritiene superiore, fosse pure a un bambino come questo, e crede di potersi prendere la libertà di trattarli con indifferenza, è indegno di entrare a farne parte. E a chi offende la santità dell'innocenza, a chi concorre a corromperne la purezza, sia legata al collo una macina e, buttato a mare, sia lasciato morire affogato. Nel mondo, mai verranno meno le ferite inferte a una disposizione morale pura, ma guai all'uomo che si rende artefice di tanto! Guardatevi bene dal disprezzare qualcuno e meno che mai il candore del cuore, perché esso è il più delicato e nobile fiore dell'umanità, l'immagine più incontaminata del divino, la sola cosa delegata a conferire il più elevato rango a una persona. Questo candore merita che gli sia sacrificato tutto ciò che costituisce le vostre inclinazioni più care, ogni moto di vanità, di ambizione o di falso pudore, l'utilità e il tornaconto in tutti i riguardi. Se aspirate ad esso, se saprete apprezzare la dignità per la quale ogni uomo è determinato e di cui ognuno è capace e se, infine, accetterete il fatto che non a tutti gli alberi può crescere la medesima corteccia e che un uomo, pur avendo diverse abitudini e differenti costumi, non va necessariamente contro ciò di cui l'umanità abbisogna, allora non avrete ragione alcuna di considerarvi superiore a lui, né a chiunque altro. E, se anche credete che qualcosa in lui sia andato perduto, invece di disprezzarlo, aiutatelo a tornare sulla strada delle virtù. Non è forse vero che se un pastore, di cento pecore, ne smarrisce una, non si darà pace finché, percorsa ogni valle e scalata ogni vetta, non l'avrà trovata? E quanta gioia riverserà su quest'ultima nel momento stesso in cui vi si ricongiungerà, al confronto di quella provata nel ritrovare le altre novantanove là dove le aveva lasciate!

Se un uomo si comporta in maniera scorretta con voi, cercate di giungere a un compromesso, portatelo a spiegarsi e trovate un accordo con lui; qualora vi presti ascolto è vostra mancanza se non riuscite a trovare una mediazione con lui; se si rifiuta di ascoltarvi, portate con voi altre persone che vi siano di aiuto ad appianare ogni malinteso; e se neppure questo porta a un risultato, sottoponete la vostra questione al giudizio di più giudici. Se, a questo punto, l'altro non vi porge la mano in segno di riconciliazione e voi, da parte vostra, vi siete spesi in questo con tutte le vostre energie, agite in modo da non avere più a che fare con lui.

Le offese e l'ingiustizia che gli uomini si sono perdonati l'un l'altro, a cui hanno offerto riparazione e risarcimento, sono perdonate anche in cielo. Quando sarete insieme in questo modo, nello spirito dell'amore e della riconciliazione, allora scenderà su di voi lo spirito con cui io intendo animarvi».

Pietro, allora, chiese a Gesù: «Quante volte devo perdonare un uomo che mi ha offeso o mi ha fatto un torto, fino a sette volte?»

«Pensi forse che sia sufficiente? Ricrediti, io ti dico fino a settanta volte sette», replicò Gesù e aggiunse: «Ascoltate questa storia. Un principe, appurato che uno dei suoi servitori era in debito con lui di diecimila talenti e non aveva di che pagarlo, gli impose di vendere tutto quello che aveva, persino moglie e figlio come schiavi, per procurarsi il denaro con cui appianare il proprio debito. Il servo si gettò ai suoi piedi, supplicandolo di concedergli una dilazione di pagamento che, con maggiore tempo, sarebbe riuscito a rispettare gli impegni contratti con lui. Il signore, provata misericordia per il poveruomo, decise allora di condonargli l'intero debito.

Questo servitore, che era stato graziato, andandosene, incontrato un altro servitore suo pari che gli doveva cento denari (una somma che stava alla precedente come uno a un milione) dopo averlo preso a male parole perché ancora non gli aveva restituito il denaro che gli aveva prestato, insensibile alle sue suppliche e richieste di dilazione, lo fece sbattere in prigione finché i conti non fossero stati pareggiati. Altri servitori, che assistettero alla scena, rattristati da quanto accaduto, corsero a riferirlo al principe. Questi, mandato a chiamare quel servitore dal cuore di pietra, gli disse: 'A seguito delle tue preghiere, io ti ho condonato l'ingente debito che avevi contratto con me, tu non avresti dovuto comportarti allo stesso modo con il tuo collega per una somma tanto ridicola? Ebbene, soldati, conducete questo disgraziato in cella, dove rimarrà finché non avrà trovato modo di risarcirmi per intero!'. In questa rappresentazione, vedete come lo spirito di riconciliazione sia segno di una disposizione morale pura, la quale viene perfino preferita, dalla santa divinità, all'azione, che sovente si rivela manchevole. È quella la sola condizione che permette di raggiungere eterna libertà dalle pene altrimenti riservate a seguito di una condotta di vita disdicevole, quello il solo mezzo utile a quel cambiamento spirituale che rende gli uomini diversi e migliori».

Gesù, deciso che era giunto il momento di far ritorno a Gerusalemme, percorrendo la via che attraversava la Samaria, mandò avanti alcuni della sua compagnia affinché, in un piccolo villaggio, potessero disporre per una sosta e preparare al meglio il proseguo del viaggio.

Gli abitanti della Samaria, però, immaginando che fosse loro intenzione raggiungere Gerusalemme per la Pasqua, si rifiutarono di accordare ospitalità e, laddove richiesto, persino di dar loro un passaggio.

Alcuni tra coloro che seguivano Gesù volevano pregare il cielo affinché, con una tempesta di fulmini, provvedesse a distruggere quel borgo.

Allora, Gesù, sdegnato, disse loro: «È questo lo spirito che vi anima? Lo spirito della vendetta, che, se fosse a lui possibile, si avvarrebbe delle forze della natura per sanzionare un trattamento poco amichevole con la distruzione! Il vostro fine non è quello di distruggere qualcosa, ma di costruire il regno di Dio!»

Decisero di tornare sui loro passi.

Lungo la strada, un dottore della legge si offrì a Gesù come costante accompagnatore. Gesù gli disse: «Considera, però, che, sebbene le volpi dispongano di tane e gli uccelli di nidi, io non posso chiamare mio alcun posto dove poso il capo per riposare».

Fu deciso di percorrere un'altra strada per Gerusalemme un po' più lunga della precedente. Due accompagnatori furono inviati in avanscoperta da Gesù, per preparare la gente al loro arrivo, perché il suo seguito era particolarmente numeroso. Per il viaggio diede loro delle regole comportamentali a cui attenersi: non cercare di ottenere ospitalità con ostinazione dove fosse loro negata, ma proseguire oltre, facendo sì che, ovunque, la loro principale missione fosse quella di esortare gli uomini al bene, poiché, in proposito, c'era molto lavoro da fare e la mano d'opera scarseggiava.

I suoi discepoli gli riferirono i luoghi dove erano stati accolti come si conviene e Gesù, allora, così si espresse: «Lode e gloria a te, padre del cielo e della terra, poiché il riconoscere ciò per ognuno è dovere non è un privilegio della dottrina e delle conoscenze, ogni cuore puro sa riconoscere da sé la differenza tra il bene e il male. Oh, se gli uomini si fossero fermati qui e, oltre ai doveri imposti dalla ragione, non ne avessero disposti altri per tormentare i loro simili, di cui si mostrano fieri, ma nei quali non si può ricavare alcun conforto se non a danno della virtù».

Durante questo viaggio, Gesù incontrò un dottore della legge che, per venire a conoscenza dei suoi principi e per esaminarli, si intrattenne in una conversazione con lui.

«Maestro, cosa devo fare per essere degno della felicità?» E Gesù di rimando: «Quale precetto ti ha indicato la legge?» «Quello di amare la divinità con tutta l'anima, perché è immagine originaria della santità, e il prossimo mio come me stesso».

«Hai risposto correttamente», osservò Gesù. «Segui questa regola e sarai degno della più alta felicità».

Il dottore della legge gli fece presente che questa semplice risposta non soddisfaceva il suo profondo spirito.

E Gesù: «Necessiti di un'ulteriore spiegazione su chi dobbiamo considerare il prossimo che ci è comandato di amare? Bene, te la voglio dare, attraverso una storia. Un uomo viaggiava da Gerusalemme verso Gerico quando venne assalito dai predoni che, spogliatolo di tutti i suoi averi, dopo avergli procurato numerose ferite, lo abbandonarono sul terreno più morto che vivo. Casualmente, immediatamente dopo questo fattaccio, percorse la medesima strada un sacerdote che, pur avendo visto il ferito, decise di non soccorrerlo e di proseguire il suo cammino; allo stesso modo, un levita, che venne poi per quella stessa strada, proseguì senza degnarlo di uno sguardo. Infine, fu la volta di un samaritano che, passando da lì, provata compassione per quell'uomo che versava malconcio, si fermò. Quindi, lavategli le ferite con olio e vino e issatolo sul suo mulo, lo portò in una locanda, dove diede disposizioni che fosse curato. E poiché, il giorno successivo, egli doveva rimettersi in viaggio, lasciò al locandiere denaro sufficiente per curare il malato, raccomandandosi di non badare a spese perché, se il denaro non fosse bastato, gli avrebbe rimborsato la differenza sulla via del ritorno. Quali di costoro si è dimostrato essere il prossimo per quell'infelice?»

Il dottore della legge rispose: «Quello che pietosamente si è preso cura di lui».

«Ecco, alla stessa maniera», disse Gesù, «considera anche tu prossimo tuo colui che necessita del tuo aiuto e della tua compassione, di qualsiasi nazione o fede sia».

I farisei, sordi agli insegnamenti di Gesù, perché mostrava la negligenza morale insita nel loro attenersi ciecamente alle regole, in diverse occasioni, pretesero da lui una qualche apparizione eterea a convalida dei suoi insegnamenti, che andavano in contrasto con la loro legislazione, così come Geova l'aveva ratificata durante la sua ultima comparsa.

Gesù rispose: «Domani ci sarà bel tempo perché il cielo è intinto di un bel colore rosso, se invece il tempo al mattino si presenterà rosso torbido, ritenetelo un presagio di pioggia. Capite, dunque, dell'aspetto del cielo e da quello prevedete il tempo, ma non siete in grado di giudicare i segni del presente? Non vi avvedete che, nell'uomo, sono sorti bisogni più alti, che la ragione si è risvegliata? Essa giudicherà le vostre dottrine e i vostri ordinamenti arbitrari, il vostro aver degradato il fine ultimo dell'umanità (il trionfo della virtù), la coercizione con la quale mantenete tra il vostro popolo il rispetto della vostra fede e dei vostri comandamenti! Altro segno non avrete, oltre l'insegnamento dei maestri, dai quali voi dovreste imparare cosa più torna di utilità a voi e a tutto il genere umano».

In questa occasione, un fariseo invitò Gesù a pranzo e, come già gli era accaduto in passato con altri, quegli, quando si avvide che Gesù, prima di sedersi, non si era deterse le mani, ebbe un gesto di stizza.

Gesù, allora, disse: «Voi, lavando l'esterno dei calici e della tavola, ritenete di aver reso puro anche l'interno? Chi ha cura del suo aspetto esteriore è nell'intimo più vicino alla verità? Dove l'anima è consacrata, lì è già consacrato anche l'esterno. Voi che vi preoccupate di versare la decima esatta della maggiorana, della ruta e di ogni erbetta insignificante che cresce nel vostro orto, non vi dimenticate che, oltre questa meticolosità per le piccolezze, che spacciate per precisione, ci sono doveri più grandi, la cui osservanza costituisce l'essenza della virtù, nella quale poi si deve collocare anche il resto? I vostri concetti di ciò che ha valore, invece, non prendono forse in considerazione la sola esteriorità?

Per cui aspirate ad avere un alto rango nelle aule, il posto

d'onore nei banchetti, ad essere salutati con reverenza in strada e opprimete il popolo con una quantità di precetti molesti occupandovi solo della loro esteriorità! Voi pretendete di essere i custodi della chiave del tempio della verità e tuttavia ne vietate l'accesso a voi stessi e agli altri tramite leggi assurde»

Questi i rimproveri che Gesù, spesso con espressioni ancora più dure, rivolgeva ai farisei e ai dottori della legge (i quali avevano nelle loro mani il governo del paese), paternali che contribuirono sempre più a far maturare in loro la decisione di muovere un'accusa contro di lui e trascinarlo in tribunale. Di fronte a una grande platea, egli parlò ancora più insistentemente del pericolo di lasciarsi contagiare dallo spirito dei farisei.

«Guardatevi», disse, «dal lievito dei farisei che, in sé, non è avvertibile, non cambia neppure l'esteriorità; essa prende solo un sapore diverso: per cui guardatevi dall'ipocrisia! Questa simulazione non ingannerà l'occhio di Dio, che vede tutto. Innanzi a Lui, per quanto ci si provi a celarla, giace aperta la disposizione morale del cuore ed Egli non ha bisogno di giudicare gli uomini secondo le loro azioni, secondo le esteriori e spesso ingannevoli manifestazioni del carattere, perché, osservandoli dentro, li valuta nel loro disporsi intimamente al bene. Per cui vi dico, amici miei, non temete gli uomini, essi possono solo uccidere il vostro corpo e il loro potere non può spingersi oltre, temete, invece, di abbassare la dignità del vostro spirito e di essere così dichiarati indegni della felicità divina. Non osare esprimere i principi della verità e la virtù nelle azioni è indice di una spregevole ipocrisia. Parlare male di me, o di un altro maestro di verità, è ancora cosa perdonabile, ma altrettanto non si può dire di chi si macchia del peccato infamante di bestemmiare il santo spirito della virtù. Non sottostate alla paura infantile di trovarvi in imbarazzo qualora, in un'aula di tribunale, vi chiedessero conto della vostra libera testimonianza per il bene, perché, sorretti dallo spirito della virtù, non vi verranno meno né il coraggio, né le parole per difendervi».

Uno tra i presenti, avvicinatosi a Gesù, confidando che la considerazione di cui egli godeva potesse fargli ottenere quanto gli era stato negato, lo pregò di persuadere il fratello a dividere con lui la sua eredità.

Per lui, la parola di Gesù fu la seguente: «Chi mi ha posto come giudice o arbitro tra di voi?», e, rivolgendosi agli altri, continuò: «Non cedete alla cupidigia, attraverso il divenire ricco e ancora più ricco l'uomo non assolve ai suoi compiti. E voglio rendervi più chiaro questo concetto con un esempio. Un uomo, possidente di molteplici terreni, ne ottenne così tanti frutti che, avendo difficoltà a stiparli nei granai, fu costretto a ingrandirli. Allora pensò: 'Quando tutto il raccolto sarà stoccato, potrò vivere nell'abbondanza per molti anni. Ragione per cui riposerò e mi godrò la vita'.

E tuttavia, proprio allora, udì la voce della morte sussurrargli a un orecchio: «Stolto, questa notte verrò a prendere la tua anima e tu per chi avrai accumulato tanto?'.

Così, si impegna in un lavoro inutile colui che nella vita accumula tesori, dimenticando una ricchezza il cui fine è eterno. Per cui, fate che le vostre anime non siano ottenebrate dall'ansia di procurarvi ricchezze, fate che il vostro spirito sia consacrato soltanto al dovere e il vostro lavoro al regno del bene. In questo modo, sarete uomini armati per la vita e per la morte, altrimenti l'amore per i beni materiali armerà contro di voi la morte ed essa, incutendovi timore, finirà per rubarvi la vita. Non rimandate e non pensate che non ci sia fretta nel dedicarvi ai fini più alti, rinunciando alla brama di accumulare tesori e alla costante ricerca di piaceri. Ogni momento che non avete dedicato al servizio del bene vi allontana dalla vostra destinazione. Non fate che sia l'avvicinarsi della morte a mettervi fretta, altrimenti sarete come un massaio a cui il padrone ha affidato il governo della sua casa durante la sua assenza. Il guardiano pensa tra sé: 'Il mio signore rimarrà via ancora per molto' per cui si prende la libertà di maltrattare i braccianti, di gozzovigliare e ubriacarsi, finché il padrone tornato in anticipo, quando l'altro non lo aspettava, sorprendendolo in tanto degrado, gli impartisce la lezione che gli spetta. Così il servo che, pur conoscendo la volontà del suo padrone, non la rispetta, verrà punito più duramente di un altro che, senza aver chiare le disposizioni del padrone, agisce in modo da meritare il castigo. Perché è preteso molto dall'uomo a cui era stato affidato un incarico di fiducia e aveva la possibilità e le capacità di agire per il meglio. Credete forse che vi abbia invitato a un quieto godimento della vita? Se è così siete in errore, la persecuzione è scritta nel mio e nel vostro destino!

La divisione e il conflitto saranno la conseguenza dei miei insegnamenti: conflitto tra vizio e virtù, tra gli usi e le tradizioni della fede, che sono state impiantate arbitrariamente per mezzo di una qualche autorità nelle teste e nei cuori degli uomini, e il ritorno al rigenerante servizio della ragione stabilita nei suoi diritti. Questo conflitto dividerà e metterà gli uni contro gli altri amici e familiari. Questa diatriba farà onore alla parte migliore dell'umanità e sarà fatale a coloro che difendono ciò che è in essere, che mette catene alla libertà della ragione, rendendo impura la fonte della moralità, per instaurare al suo posto un'ulteriore fede imposta, che priva ancora la ragione del diritto di creare la legge da se stessa e di sottomettersi a quella in completa libertà.

Ah! Guai a loro, se decidessero di armare questa fede comandata con la spada e il potere esteriore e aizzassero i padri contro i figli, i fratelli contro i fratelli, le madri contro le figlie, facendo dell'umanità colei che tradisce se stessa!»

Fu raccontato a Gesù un fatto che si era verificato in quel periodo. Pilato, il proconsole della Giudea, aveva fatto giustiziare, per ragioni ignote, alcuni galilei.

Allora Gesù, conoscendo il modo di pensare dei suoi discepoli, i quali già in un'altra occasione, dopo aver incontrato un cieco dalla nascita, avevano rapidamente concluso che quegli o suoi genitori erano sicuramente dei grandi delinquenti, colse l'occasione per dare loro l'ammonimento che segue: «Credete forse che quei galilei fossero i peggiori esemplari del loro popolo, dato il loro tragico destino, e che quegli otto o dieci che, di recente, sono rimasti uccisi per il crollo di una torre a Siloe fossero i più corrotti tra gli abitanti di Gerusalemme?

Formulare un giudizio duro e insensibile su uomini ai quali è toccata una simile sventura non è la prospettiva da cui dovete considerare un evento simile. Dovreste invece aprire il vostro cuore e chiedervi onestamente se voi non avreste meritato un tale destino. Ascoltate la storiella che segue. Il proprietario di un vigneto, che aveva piantato in quel suo terreno anche un fico, per quanto spesso si recasse a raccogliere dall'albero dei frutti, non ne trovò mai. Perciò, disse al giardiniere: 'Sono tre anni ormai che vengo inutilmente fino a questo fico, sradicalo, affinché il posto che esso occupa possa essere utilizzato meglio'.

Il giardiniere replicò: 'Padrone, prima di abbatterlo, lasciatemi smuovere la terra intorno e aggiungervi un po' di concime, magari in questo modo darà frutti. Se non otterrò risultati, dopo lo abbatterò'.

Spesso il destino meritato tarda a venire dando modo al delinquente di ravvedersi e allo spensierato di venire a conoscenza dei fini più alti. Se egli però perde l'occasione di questa ricevuta dilazione, il suo destino viene ad abbattersi su di lui nel peggiore dei modi».

Nel mentre, Gesù proseguiva sulla strada per Gerusalemme, fermandosi di tanto in tanto dove trovava occasione di porgere agli uomini dei buoni insegnamenti. Durante il viaggio gli venne posta la domanda, se fossero pochi a poter raggiungere la beatitudine. Lui, rispose: «Per trovare lo stretto sentiero della buona condotta di vita, ognuno deve agire per sé e, tra i molti che cercano, pochi sono coloro che riescono a trovarlo. Una volta che il padrone di casa avrà serrato l'uscio, se voi bussate affinché accorra ad aprire, egli vi risponderà: 'Io non vi conosco'. E se vi appellerete al fatto di avere spesso mangiato e bevuto in sua compagnia ed essere stato tra i suoi uditori, egli dirà: 'Certamente avete mangiato e bevuto con me ed eravate miei uditori, quando io insegnavo, ma siete diventati uomini dediti al vizio e io non vi riconosco come amici miei, per cui andatevene!'.

Così, molti dall'oriente e dall'occidente, dal sud al nord, che venerano Zeus, Brahma o Wotan, verranno accolti benevolmente dal giudice del mondo, mentre saranno respinti quanti, fieri della loro conoscenza di Dio, con la loro pessima condotta di vita non si saranno dimostrati all'altezza di ciò che è stato loro insegnato».

Alcuni farisei, non è noto se con buona intenzione o per altre ragioni, dissero a Gesù di lasciare il territorio di Erode, perché quegli lo voleva morto. La risposta di Gesù fu che i suoi doveri erano di un genere tale, da non destare in Erode alcuna preoccupazione, e che, inoltre, se la minaccia fosse mutata in realtà, sarebbe stata l'eccezione alla regola se ciò non fosse accaduto proprio a Gerusalemme, scenario abituale della morte di tanti maestri che avevano tentato di guarire il popolo ebraico dall'ostinazione nei suoi pregiudizi e dall'impostura con cui, a causa degli stessi, violava tutte le regole della moralità e della saggezza.

Egli mangiò nuovamente presso un fariseo e qui notò in alcuni una certa meticolosità nell'occupare a tavola posti di prestigio che essi ritenevano spettare loro in virtù del rango; osservò come il fare ressa per i posti eccellenti divenisse spesso causa di imbarazzo e come, qualora si presentasse un commensale più ragguardevole, ci si trovasse costretti ad abbandonare la propria postazione per passare con vergogna ad una inferiore.

«In generale, chi esalta se stesso sarà umiliato, quanto il modesto innalzato». E al padrone di casa, disse che, oltre allo spirito di ospitalità nell'invitare a banchetto i propri parenti, amici o le famiglie facoltose del vicinato, dalle quali generalmente una tale prova di amicizia veniva contraccambiata con vicendevoli inviti, ne conosceva uno più nobile, che consisteva nello sfamare i poveri, gli ammalati e altri infelici, impossibilitati a ricambiare l'offerta, se non attraverso le sincere espressioni della loro gratitudine.

«Beati coloro che oggi si trovano tra noi», gridò uno dei commensali, «perché sono cittadini del regno di Dio!»

Gesù, per spiegare il concetto del regno di Dio, fece riferimento a un principe che, volendo celebrare il matrimonio del figlio con un grande banchetto, invitò numerosi ospiti che mandò a chiamare dai propri servitori di primo mattino, nel giorno in cui si sarebbe tenuta la festa. L'uno mandò le sue scuse, asserendo che non poteva partecipare perché, avendo da poco acquistato dei terreni, doveva seminarli, un secondo rinunciò, perché impegnato a ispezionare cinque buoi che aveva appena comprato, un terzo giustificò la propria assenza, portando a motivo le proprie nozze poc'anzi celebrate e altri giunsero persino a trattare i servitori con disprezzo. Alla fine, nessuno tra gli invitati si presentò al banchetto. Il principe indispettito, ordinò ai suoi servi di andare nelle strade della città a invitare poveri, ciechi, storpi e altri infelici alla sua tavola, poiché oramai tutto era pronto per il pranzo. I servitori obbedirono, ma, visto che rimanevano ancora posti liberi, il principe, quando furono di ritorno, li mandò nella campagne a chiamare chiunque incontrassero affinché la casa fosse piena. Allo stesso modo, accade con il regno di Dio. Per taluni, i piccoli fini sono più importanti dell'ultima loro alta destinazione, altri, posti dal fato o dalla natura in posizioni di maggiore rilievo, trascurano irresponsabilmente l'opportunità di poter fare del bene a più persone e così, sovente, accade che la rettitudine è esiliata in umili capanne o lasciata nelle mani di talenti limitati.

Essere capaci di sacrificarsi è una delle principali qualità
richieste a un cittadino del regno del bene; colui al quale sono
più cari i rapporti di figlio, fratello, marito o padre e la sua propria felicità non è adatto a raggiungere la perfezione, né a condurre altri per questa meta.

Chi desidera impiegarsi per il prossimo, valuti prima le proprie forze, veda se si trova in condizioni di farlo; altrimenti, come
colui che inizia a costruire una casa, ma si trova costretto a la-
sciarla incompiuta perché non ha correttamente calcolato i costi
prima di iniziare, diviene oggetto di scherno da parte della gente.
Come un principe valuta la forza del proprio esercito prima di
ingaggiare battaglia, laddove è minacciato, e ricorre alla diploma-
zia se reputa di non essere all'altezza di sostenere lo scontro, così
si esamini colui che vuole consacrarsi al miglioramento dell'uomo, chiedendosi se è disposto a rinunciare a tutto ciò che gli procura piacere per gettarsi in questa lotta.

I farisei ancora una volta si mostrarono insofferenti perché,
notati dei pubblicani e gente di malaffare tra gli uditori di Gesù,
si avvidero che quegli non li allontanava da sé.

Gesù in merito così si espresse: «Se una pecora del gregge di
un pastore si smarrisce egli non è forse contento di ritrovarla?
Se una donna ha perso una moneta, non cercherà ovunque per
riaverla? E, se la ritrova, la sua soddisfazione non sarà più grande per quel pezzo creduto perso, che non per gli altri che ha
saputo sempre di avere con sé? Allo stesso modo, non procura
gioia agli uomini vedere soggetti corrotti far ritorno alla virtù?

Voglio raccontarvi una storia. Un uomo, che aveva due
figli, alla richiesta del secondogenito di avere la sua parte di
eredità, spartì i beni. Trascorsi alcuni giorni il più giovane dei
due, raccolte le sue cose, per poter godere dei beni a lui toccati
senza impedimenti di sorta, partì per un paese lontano, dove
dilapidò in stravizi tutto il suo patrimonio. Egli già si trovava nel bisogno, quando sopraggiunse un periodo di carestia
che lo gettò in miseria al sommo grado. Allora si pose alle dipendenze di un uomo che gli dette incarico di custodire i suoi
porci con i quali avrebbe condiviso un vitto di ghiande. La

sua triste condizione, alfine, gli riportò alla mente la casa paterna e si disse: 'Come vivono meglio, i lavoratori a giornata alle dipendenze di mio padre. A loro, il pane non manca mai, mentre qui la fame mi consuma. Voglio far ritorno a casa e, quando vi giungerò, dirò a mio padre: *Padre ho peccato contro il cielo e contro di te, non sono più degno di essere annoverato tra i tuoi figli, ma ti prego, prendimi sotto di te come uno dei tuoi lavoratori a giornata!*'.

Egli non tardò a mettere in pratica quel suo proposito e, quando suo padre lo vide in lontananza, gli corse incontro e, una volta che l'ebbe raggiunto, strettolo a sé, lo baciò fino quasi a soffocarlo. Il figlio, pentito, gli disse: 'Padre, i miei errori non mi rendono degno del tuo amore'.

Ciononostante, il padre, ordinato ai servi di portare la veste più pregiata e fornire al figlio delle calzature nuove, disse loro: 'Ammazzate il vitello più grasso perché voglio che tutti festeggino, mio figlio, che avevo dato per morto, è tornato a vivere, mio figlio si era perso ed è tornato a me'.

Nel mentre, il primogenito che tornava dal lavoro nei campi, avvicinandosi alla casa, udì i rumori della festa e chiese cosa stesse accadendo. Quando un servò lo informò sullo sviluppo di recenti avvenimenti egli, irritato, rifiutò di mettere piede in casa. Allora il padre uscì per spiegarsi, ma il figlio non volle sentire ragioni: 'Da quando sono con te, lavoro e, sebbene segua in tutto e per tutto la tua volontà, non mi hai mai concesso un divertimento con i miei amici. Invece, per mio fratello, che si presenta da te dopo aver gettato tutti i suoi averi per godere di donne dissolute, tu organizzi una festa!'.

'Figliolo', replicò il padre, 'tu sei sempre presso di me, hai tutto ciò di cui necessiti e tutto quello che è mio appartiene a te. Per cui dovresti rallegrarti se tuo fratello, che avevamo giudicato perduto, è guarito e tornato tra noi'».

In un'altra occasione, che ci è però sconosciuta, Gesù raccontò ai suoi amici quanto segue: «Un uomo ricco aveva affidato i suoi beni a un amministratore, ma, dopo qualche tempo, gli giunse notizia che costui stava dilapidando il patrimonio di cui era responsabile. Il signore, allora, lo mandò a chiamare e gli disse: «Circolano brutte voci sul tuo conto. Mettimi a parte di come hai gestito le mie finanze, perché ho intenzione di sollevarti dall'incarico'.

L'amministratore, riflettendo sul da farsi, realizzato che, se perdeva quell'incarico, non avendo più la forza di lavorare a giornata, sarebbe stato costretto a mendicare, per trarsi d'impiccio pensò di farsi amici i debitori del suo padrone, affinché, una volta perso l'impiego, qualcuno tra loro lo prendesse alle sue dipendenze. Così, li fece venire da lui uno dopo l'altro e, a colui che era debitore di cento barili d'olio, fece scrivere un'altra obbligazione, nella quale era indicato un debito di soli cinquanta barili.

A un altro, portò il suo debito da cento moggi di grano a ottanta e allo stesso modo agì con i restanti. Il signore, quando successivamente venne a conoscenza del fatto, riconobbe l'infedele amministratore quantomeno dotato di quell'intelligenza con la quale gli uomini buoni vengono per lo più buggerati dai malvagi, perché l'intelligenza di questi ultimi non si fa scrupolo di violare l'onestà.

Ecco, io da questa novella traggo per voi questo consiglio: Fate che la vostra intelligenza nell'uso del denaro, se ne possedete, consista nel procurarvi, per mezzo di quello, degli amici tra i vostri simili e in particolare tra i sofferenti, non agendo come quell'amministratore disonesto perché, ricordate, chi è infedele nelle questioni di poco conto, tanto più lo sarà nelle cose grandi. Se non riuscite a comportarvi onestamente nelle questioni di soldi, come diverrete sensibili al sommo interesse dell'umanità? Se vi mostrate sì tanto legati a qualcosa che dovreste trattare come se vi fosse estranea, per la quale siete disposti a sacrificare la virtù, quale grande cosa è possibile aspettarsi da voi? Porre come scopo primario della vita il proprio tornaconto e asservire alla virtù, sono due propositi inconciliabili».

Alcuni farisei, che avevano udito questo e amavano molto il

denaro, risero del fatto che Gesù tenesse in così poco conto la ricchezza.

Gesù allora, rivolgendosi a loro, disse: «Voi vi applicate solo per dare a voi stessi un'apparenza di santità agli occhi degli uomini, ma Dio conosce ciò che portate nel cuore. Quello che materialmente figura a voi come grande e degno di rispetto, davanti alla divinità si rivela in tutta la sua pochezza.

C'era una volta un uomo ricco, che vestiva solo con porpora e seta e ogni giorno gozzovigliava abbondantemente. Davanti alla sua porta, si recava sovente un povero di nome Lazzaro, al cui corpo malato – era devastato da ulcere – nessuno dava sollievo, se non forse i cani con le loro leccate e certo egli non avrebbe disdegnato di attenuare i morsi della fame con i resti del desinare dell'uomo ricco. Il povero morì e adesso riposa nei campi dei beati. Trascorso poco tempo, morì anche il ricco, che fu sepolto con tutti gli onori riconosciuti al suo rango. E tuttavia, ciò che, nell'aldilà, gli toccò in sorte fu quanto riservato al poveruomo che, invano, aveva bussato alla sua porta.

Quando, aperti gli occhi, vide Lazzaro in compagnia di Abramo, gridò: 'Padre Abramo, abbi pietà di me e manda Lazzaro affinché lenisca il mio tormento con una stilla di sollievo, così come un ammalato febbricitante trova refrigerio in una goccia d'acqua'.

Abramo rispose: 'Ricordati, figlio mio, che tu hai già usufruito di quella parte di bene nella tua vita, mentre Lazzaro era infelice. Per cui, adesso lui viene sollevato e tu soffri.

E colui che in vita era stato ricco riprese: 'Allora ti prego soltanto padre di inviare Lazzaro alla mia casa paterna, dai miei cinque fratelli, affinché racconti loro il mio destino e li ammonisca a non meritarsene uno uguale'.

Abramo rispose: 'Essi hanno una legge nella loro ragione, devono seguire quella e prestare ascolto agli insegnamenti degli uomini buoni'.

L'uomo ricco replicò: 'Questo non è sufficiente per loro, ma se un morto apparisse loro dalla tomba servirebbe certo a renderli migliori'.

'All'uomo', ribatté Abramo, 'è data la legge della sua ragione, né dal cielo, né dal sepolcro può giungergli altro insegnamento, poiché esso sarebbe del tutto contrario allo spirito di quella legge, che pretende una sottomissione libera, non una servile, obbligata dalla paura'».

In un'altra occasione, ugualmente poco conosciuta, gli amici chiesero a Gesù di rafforzare il loro coraggio e la loro perseveranza.

Gesù disse loro: «Questo lo può fare soltanto il tenere bene a mente quale sia il vostro dovere e il fine ultimo per cui vi impiegate; non crediate mai di aver portato a termine il vostro lavoro e di aver acquisito pieno diritto al godimento.

Quando un servo torna a casa dopo il lavoro nei campi, il suo padrone non gli dice: 'Adesso vai a spassartela!', ma «Servimi la cena e, dopo, recati anche tu a mangiare'.

E come il servo, quando avrà assolto a tutti i suoi compiti, non riterrà doveroso un ringraziamento, allo stesso modo voi, quando avete compiuto ciò che siete in dovere, non pensate: 'Ho fatto più di quanto mi è stato richiesto, il tempo del lavoro adesso è giunto a conclusione e mi merito di godere i sommi piaceri', ma, 'ho fatto solo ciò che era mio compito'».

In un'altra occasione, alcuni farisei, che non riuscivano a distaccarsi dalla loro rappresentazione sensibile del regno di Dio, chiesero a Gesù, il quale spesso parlava di questa cosa, quando sarebbe finalmente giunto il regno di Dio.

Gesù rispose: «Il regno di Dio non si mostra attraverso lo sfarzo o i gesti esteriori. Non è mai possibile dire: 'Guarda eccolo qui, eccolo là!', perché il regno di Dio deve essere costruito interiormente giorno dopo giorno dentro di voi».

Quindi, rivolgendosi ai suoi discepoli, continuò: «Anche voi desiderate vedere il regno di Dio istituito su questa terra. Spesso vi verrà detto: 'In quel dato posto, gli uomini rispondono alle leggi della virtù e vivono in fratellanza'.

Non correte dietro a simili sciocchezze, non sperate di vedere il regno di Dio in uno splendore apparente di uomini, sotto la forma esteriore di uno Stato, di una società, né di vederlo sottostare alle leggi pubbliche di una Chiesa. La persecuzione, non uno Stato così tranquillo e giusto, toccherà in sorte al vero cittadino del regno di Dio, al virtuoso; e quella avverrà spesso per mano di coloro che, come gli ebrei, si sentono membri di una società migliore. Tra due che professano la stessa fede e sostengono la medesima Chiesa, uno può essere virtuoso, l'altro un abbietto. Non rimanete ancorati a una forma esteriore, non lasciate che la convinzione di aver adempiuto al vostro dovere con l'osservanza totale della fede in una serenità inerte, nella quale trova agio l'amore per la vita e i suoi piaceri, affossi la vostra anima. Chi non è capace di sacrificare tutto questo per il dovere, non è degno di appartenere al regno di Dio. E tanto meno potete abbandonare la perseveranza, non arrendetevi, non lasciate che la scontentezza e il rammarico vi inducano a lasciarvi trasportare dalla generale corrente di corruzione, anche se ancora non vedete concretizzarsi le vostre speranze di ottenere qualcosa di buono dalla vostra lotta.

Quante volte l'assistito da un avvocato viene favorito nelle sue faccende, non dalla rettitudine di un giudice, ma dal fatto che quegli voleva liberarsi delle sue petulanti preghiere? Allo stesso modo, voi con la perseveranza riuscirete a ottenere molte cose buone e, quando avrete compreso con tutta l'anima l'importanza del fine che il dovere radica in voi, la vostra spinta verso quello sarà eterna come il fine medesimo e non vi verrà meno mai, che ne riusciate o meno a vedere i frutti in questa vita».

In relazione ai farisei, che si ritenevano perfetti e, a causa di questa loro boriosa presunzione, disprezzavano tutti gli altri uomini, Gesù raccontò la seguente storia: «Due uomini si recarono al tempio per pregare: uno di loro era un fariseo, l'altro un pubblicano.

La preghiera del fariseo suonava così: 'Ti ringrazio Dio perché io, diversamente dagli altri uomini, non sono un ladro, un ingiusto, un adultero e neppure sono come questo pubblicano; io digiuno due volte alla settimana, presenzio quotidianamente alle funzioni religiose e verso regolarmente la decima per il tuo tempio'.

Il pubblicano, tenendosi a distanza da questo uomo pio, non osando levare gli occhi a Dio, si batteva il petto per la vergogna, implorando: 'Dio, abbi misericordia di un peccatore come me!'.

Ecco, credetemi quando vi dico che quest'ultimo fece ritorno a casa con nel cuore un sollievo più grande di quello ottenuto dal fariseo».

Un giovane perbene, avvicinatosi a Gesù, gli chiese: «Buon maestro cosa devo fare per essere virtuoso e degno, davanti a Dio, della felicità che verrà a seguito di questa vita?»

«Perché mi definisci buono?», ribatté Gesù. «Nessuno è perfettamente buono, se non Dio. Per quanto, invece, riguarda il resto, tu conosci di certo i dittami dei vostri maestri di moralità i quali recitano: non commettere adulterio, non uccidere, non fare falsa testimonianza, onora tuo padre e tua madre».

Il giovane rispose: «Io mi sono attenuto a queste regole fin da ragazzo».

E Gesù: «Se senti di poter fare ancora di più, usa la tua ricchezza per sostenere i poveri, per promuovere la moralità e unisciti ai miei discepoli».

Il giovane, poiché era molto ricco, ascoltò quelle parole con palese tristezza. Gesù se ne avvide e allora disse ai suoi discepoli: «Con quanta forza la ricchezza sa attanagliare l'uomo, quale grande impedimento alla virtù spesso rappresenta per lui! La virtù richiede sacrificio, mentre l'amore per la ricchezza chiama a sempre nuove e maggiori acquisizioni: la prima ci riporta a noi stessi, la seconda invoca che ci si espanda, che si operi per ampliare il parco di cose che l'uomo definisce di sua proprietà».

Gli amici domandarono a Gesù: «Come si può sperare che questa inclinazione della natura umana non pregiudichi ogni possibilità di rendersi virtuosi?»

«Il contrasto di queste inclinazioni», fece osservare Gesù, «viene neutralizzato dal fatto che Dio ha conferito, a una di queste, sia il potere legislativo, che impone il dovere di conseguire una posizione di predominio sull'altra, sia la forza per realizzare quel proposito».

Pietro, uno dei suoi discepoli, intervenne: «Tu sai che noi abbiamo rinunciato a ogni cosa per seguire la tua dottrina, consacrandoci, in tal modo, alla sola moralità».

'Per quanto avete lasciato», disse Gesù, «l'acquisizione della coscienza di vivere esclusivamente per il dovere è una lauta ricompensa in questa vita e per l'eternità».

Gesù, giunto con la sua compagnia, formata da soli dodici amici scelti, in prossimità di Gerusalemme, decise di rivelare loro quali tristi presentimenti avesse sul modo in cui sarebbe stato accolto e trattato in quella città. Presentimenti che erano in forte contraddizione con ciò che i discepoli si attendevano dal suo arrivo e soggiorno a Gerusalemme.

Perché persino essi, i quali godevano quotidianamente della sua presenza e dei suoi insegnamenti, non avevano ancora bandito dalle loro teste ebraiche la viva speranza che Gesù presto, rivendicato il suo diritto a regnare, avrebbe riportato agli antichi fasti lo stato ebraico, rendendolo indipendente dai romani e concedendo a loro, in quanto suoi più cari amici e aiutanti, potere e onori atti a compensare ciò di cui si erano nel frattempo privati.

Essi non avevano ancora completamente bandita questa speranza e fatto proprio il senso spirituale del regno di Dio, da intendersi esclusivamente come il dominio della legge della virtù tra gli uomini.

Così, la madre di Giovanni e Giacomo, avvicinatasi a Gesù, si gettò ai suoi piedi e, quando egli le domandò cosa volesse, ella, poiché, allo stesso modo dei suoi figli, credeva prossimo a venire il realizzarsi delle sue aspettative, gli rivolse la seguente preghiera: «Quando avrai instaurato il tuo regno, concedi ai miei figli il rango più vicino al tuo».

Gesù rispose: «Voi non sapete per cosa pregate! Siete pronti ad assolvere il compito che vi siete assunti, ovvero lavorare per rendere l'uomo migliore, e a condividere la mia sorte qualunque essa sia?»

Ella, intimamente persuasa del fatto che sarebbe senz'altro stato uno splendido destino, rispose di concerto ai propri figli: «Siamo pronti».

«Allora», riprese Gesù, «fate il vostro dovere e accettate quale che sia il vostro destino senza attendere di vedere realizzate le aspettative espresse nella vostra preghiera. Solo la purezza della vostra disposizione morale, che è come un libro aperto al cospetto della divinità, ma non al mio, può determinare il valore che vi siete guadagnati agli occhi della divinità stessa».

Gli altri amici di Gesù si mostrarono irritati per la richiesta della donna e dei suoi due figli a Gesù.

Quest'ultimo, allora, li ammonì in questo modo: «Sapete quanto la brama di potere sia una passione assai seducente e molto difficile da respingere per gli uomini e come essa si manifesti tanto nei grandi ambiti, quanto nei piccoli. Ragione per cui, fate che dalla vostra compagnia sia bandita. Tra voi riponete degno di stima l'esservi vicendevolmente cari e il servirvi l'un l'altro, come lo scopo della mia esistenza non è comandare sugli altri, ma servire all'umanità e sacrificare persino la mia vita, laddove necessario, per quella».

Facendo riferimento alle aspettative dei suoi seguaci, ovvero al fatto che la sua amicizia e benevolenza, nel tempo ormai prossimo del suo regno, avrebbe conferito loro gloria e una posizione privilegiata, Gesù intese istruire tutti sul differente valore degli uomini tramite la parabola che segue: «Un principe si mise in viaggio verso un paese lontano per assumerne su di sé il governo, ma, prima di partire da quello in cui già era reggente, affidò ai suoi servitori dieci mine affinché le facessero fruttare. Trascorso un po' di tempo, i cittadini del suo paese gli inviarono una delegazione per fargli presente che non lo riconoscevano più come massima autorità. Ciononostante, al suo ritorno conservò il trono e, allora, pretese da suoi servitori che gli rendessero conto di come avevano impiegato il denaro che aveva affidato a loro.

Il primo disse: 'Con la mina che mi hai lasciato ne ho guadagnate dieci'.

'Ottimo', osservò il principe, 'tu hai amministrato bene il poco che ti ho lasciato, per cui adesso voglio affidarti una responsabilità più grande: ti assegno il governo di dieci città'.

Un altro disse che, con la sua mina, ne aveva fruttate cinque e il principe, per compensarlo del buon lavoro svolto, volle assegnargli l'amministrazione di cinque città.

Un altro ancora disse: 'Ti riconsegno, come da te l'ho avuta in concessione, la tua mina che ho conservato con cura. Non me la sono sentita di impiegarla in qualche affare, perché tu sei un signore severo, che pretende di trarre profitto persino da dove non ha investito, di raccogliere frutti dal terreno dove non ha seminato'.

'La tua giustificazione ti condanna', rispose il principe. 'Se mi reputi un uomo duro che vuole raccogliere anche dove non ha investito, perché non hai dato il tuo denaro a un presta valuta? Agendo in tal modo, mi avresti riconsegnato il denaro con gli interessi. Tu hai perso il tuo denaro, se nel tempo non è accresciuto di un mignolo'.

Altri servitori rimasero stupiti dal fatto che chi aveva fruttato dieci mine ricevesse una sì generosa ricompensa. Allora il principe disse loro: 'A chi ha usato bene il capitale ricevuto è giusto darne dell'altro, mentre a colui che ne ha fatto un pessimo utilizzo o nessuno, essendosi reso indegno della fiducia riposta in lui, va il mio biasimo. E adesso portate al mio cospetto quanti, in mia assenza, hanno dichiarato di non riconoscere più la mia autorità, affinché li punisca'.

Allo stesso modo di questo principe, Dio giudica il valore degli uomini a seconda dell'uso che essi fanno dalle forze di cui dispongono e dell'osservanza alla legge morale a cui si sono sottomessi».

Gesù si trovava a Gerico, un sito a circa sei ore da Gerusalemme e anche qui i farisei mostrarono nuovamente la loro riprovazione per il fatto che lui si era fermato nella casa di un pubblicano. Questi si chiamava Zaccheo e, poiché era molto piccolo di statura, per vedere Gesù, al quale non poteva avvicinarsi a causa della moltitudine che lo attorniava, era salito su un albero.

L'uomo fu sorpreso quando gli venne reso noto che Gesù, tra le tante case disponibili, avesse scelto la sua per riposare. E, pensando che la sua condotta di vita lo avrebbe posto sotto una luce sfavorevole, Zaccheo intese subito informare Gesù sul miglioramento del proprio modo di pensare e agire, dicendogli: «Del patrimonio che ho acquisito, ne concedo la metà ai poveri e compenso chi ho raggirato moltiplicando per quattro l'ammontare del danno che gli ho arrecato».

Gesù, complimentatosi con lui per aver finalmente intrapreso la strada della rettitudine, gli disse che era sua intenzione condurre tutti gli uomini su questa via.

Si era nuovamente nel periodo della festività pasquale e la maggioranza degli ebrei già aveva raggiunto Gerusalemme. Gesù si trattenne ancora alcuni giorni a Ekrain, una località non troppo distante, e in particolare a Betania. A un banchetto che qui venne indetto in suo onore, era presente una donna, sua amica, rispondente al nome di Maria. Ella, detersi i piedi di Gesù, che cosparsi poi di un prezioso balsamo, provvide ad asciugarli con i suoi capelli: un apostolo di Gesù, Giuda, delegato ad amministrare le finanze della compagnia, in merito osservò che si sarebbe potuto far migliore uso di quell'unguento vendendolo e distribuendone il ricavato tra i poveri. Giuda, confidando di poter custodire il profitto di quel commercio nella propria borsa, assicurò che mai si sarebbe dimenticato dei bisognosi. Tuttavia, Gesù lo ammonì dicendogli che non si sarebbe mai sognato di offendere in tal modo la sensibilità di Maria, avvertendo in quel suo atto l'espressione della sua amicizia, del tutto simile a quando si mostra affetto ai propri cari estinti facendoli imbalsamare. E, d'altra parte, il suo desiderio di impegnarsi in favore dei derelitti poteva esaudirlo in qualsiasi tempo e luogo.

Frattanto, il sinedrio di Gerusalemme, attendendosi che

Gesù come ogni ebreo presenziasse alle celebrazioni della festività, aveva deciso di cogliere l'occasione per farlo trarre in arresto e, successivamente, per manovrare in modo da ottenere per lui, dalle autorità romane, la condanna a morte. Quest'ultima parte della losca trama avevano però inteso concretizzarla a festività passata, perché temevano che i compagni di Gesù, i galilei presenti in gran numero in quel periodo, insorgessero per liberarlo.

Di conseguenza, il sinedrio, per il momento, diede solo disposizione affinché la presenza di Gesù gli fosse segnalata non appena quegli avesse messo piede nel tempio. Provvedimento, questo, che nei primi giorni causò non poco imbarazzo in coloro incaricati di sorvegliarne l'accesso, perché di Gesù non c'era traccia né lì, né altrove.

Solo sei giorni dopo il gran banchetto, Gesù entrò in Gerusalemme. E, quando giunse in vista della città, non potendo trattenere oltre la commozione, disse: «Ah, se vi rendeste conto, cittadini di Gerusalemme, cosa serve al vostro bene! Purtroppo vi è tenuto nascosto e con il vostro orgoglio, l'ostinazione nei vostri pregiudizi, la vostra intolleranza, attirerete su di voi innumerevoli nemici che vi assedieranno e perseguiteranno in ogni luogo del mondo finché l'oggetto del vostro orgoglio, il vostro stato, la vostra costituzione non saranno rasi al suolo e voi stessi sepolti sotto le sue rovine senza neppure poter rivendicare la gloria di essere morti per una nobile causa!»

Gesù, che cavalcava un asino al modo degli orientali, giunto in prossimità della sua meta trovò una folla di persone che, sapendo bene chi fosse, gli si fece incontro agitando ramoscelli di ulivo. E fu circondato da quella folla festante, che intonava canti di giubilo in suo onore, che entrò in città.

Non si fermò a Gerusalemme per la notte, tornò a Betania e fece ritorno in città il mattino successivo, per recarsi al tempio a impartire i suoi insegnamenti alla gente.

Lì, i suoi nemici, con domande capziose cercarono di metterlo in difficoltà sia per indirlo a dichiarazioni che potevano valergli una condanna, sia per renderlo inviso al popolo che, essendo confluito numeroso per ascoltarlo, per nessun motivo doveva schierarsi dalla sua parte.

Così, davanti a un'immensa platea, gli chiesero da quale autorità egli avesse ricevuto il diritto di insegnare pubblicamente.

Gesù disse: «Permettete, prima, che sia io a porvi una domanda. Quanto ha spinto Giovanni a insegnare pubblicamente ritenete sia stato lo zelo per la verità e la virtù oppure pensate che in quel modo perseguisse fini personali?»

Quelli che lo avevano interrogato pensarono: «Se rispondiamo verità e virtù, Gesù ci chiederà allora perché non gli abbiamo prestato ascolto, se rispondiamo che perseguiva fini personali, finiremo per metterci il popolo contro».

Così, decisero di dire che non lo sapevano.

E Gesù disse: «Se neppure voi sapete dare risposta, perché pretenderla da me? E adesso ascoltatemi e giudicate quanto sto per raccontarvi.

Un uomo che aveva due figli un giorno disse a uno dei due di andare a lavorare la vigna. Questi sulle prime gli oppose un netto rifiuto, ma poi, colto da ripensamento, si mise al lavoro. Il medesimo incarico il padre lo affidò all'altro figlio, il quale, pur mostrandosi solerte a eseguire i suoi ordini, assicurato al genitore che si sarebbe immediatamente messo all'opera, venne poi meno all'impegno preso. Quale dei due figli ha dimostrato la propria obbedienza al padre?»

Essi senza indugiare risposero: «Il primo».

Gesù riprese: «Ecco, allo stesso modo stanno le cose tra voi: uomini che avevano fama di essere moralmente corrotti, su incitamento di Giovanni, si sono ravveduti e adesso sono nella buona disposizione morale, di gran lunga superiori a voi, che avete pressoché sempre sulle labbra il nome di Dio e date a credere di vivere solo al suo servizio».

Gesù sottopose poi loro un'altra storia: «Un uomo, piantato un grande vigneto, dopo che l'ebbe circondato di mura, affidatane la cura a dei vignaioli, partì.

Giunto l'autunno, inviò là delle persone a ritirare quanto la vigna aveva prodotto. Quelle però furono accolte dai vignaioli con ostilità e, dopo essere state sottoposte a maltrattamenti e violenze di ogni genere, vennero uccise. Lo stesso accadde ad altre persone che il proprietario terriero decise di inviare sul posto a rivendicare quanto in suo diritto. Quindi, nella speranza che essi avessero perlomeno rispetto di suo figlio, decise alfine di mandare lui, ma i vignaioli, sapendo quegli essere l'erede della terra e pensando che, con la sua morte, avrebbero avuto loro pieno diritto su quelle coltivazioni, gli riservarono la stessa sorte. Come agirà adesso il padrone del vigneto?», domandò Gesù ai presenti.

E quelli risposero: «Egli punirà i vignaioli con la severità che meritano e darà il vigneto ad altri, dai quali otterrà i giusti frutti».

Gesù riprese: «Allo stesso modo, gli ebrei hanno goduto del privilegio di apprendere, prima di molti altri popoli, i più degni concetti della divinità e di quale sia il Suo volere. Ciononostante, voi non producete frutti che rendono l'uomo gradito al divino e il credervi, per quella sola priorità di cui vi è stata fatta grazia, i favoriti di Dio è un'illusione pari al crimine di cui vi macchiate ostinandovi a perseguire quanti vi dicono che è qualcosa di più alto che conferisce all'uomo un reale valore».

I membri del sinedrio, che avevano udito quell'accusa rivolta espressamente a loro, lo avrebbero volentieri messo subito agli arresti, ma non lo fecero per timore che la gente si schierasse a sua difesa.

Alcuni ebrei, giunti fin lì dalla Grecia per parlare con Gesù, si rivolsero ad alcuni dei suoi amici più stretti per ottenere di essere ammessi a colloquio privato con lui.

A quanto è dato sapere, sembra che Gesù non avesse alcuna voglia di incontrarli, perché immaginava che essi, legati alla solita idea ebraica del messia, riconoscendolo quale futuro re e signore degli ebrei volessero, per tempo, farselo amico. Nella circostanza, Gesù disse ai suoi discepoli: «Questi uomini sbagliano se mi attribuiscono l'ambizione di volermi elevare a messia. E nutrono anche aspettative che andranno deluse, se credono che io pretenda di essere servito e riverito o che ceda alle loro lusinghe, laddove si dichiarino pronti a mettersi a disposizione per rinfoltire e rafforzare il mio seguito. Se essi obbediscono alla sacra legge della ragione siamo fratelli, apparteniamo alla stessa società.

Se invece ritengono che il mio scopo segreto sia quello di ottenere fama e potere, niente ci lega perché in tal modo, supponendo che io per primo la eluda, disconoscono la sublime destinazione ultima dell'uomo.

Come un seme, posto nella terra, prima muore, affinché il suo germe cresca rapidamente divenendo stelo, così neppure io ho la pretesa di vedere in vita i frutti del mio operato, perché il mio spirito non può raggiungere la sua meta restando imprigionato in questo corpo. So bene, e lo annoto con dispiacere, che i reggenti di questo popolo tramano per uccidermi, ma sottrarmi al mio destino sarebbe come tradire ciò che in cuor mio riconosco come dovere.

E, d'altronde, cosa dovrei fare? Raccomandarmi a Dio, affinché mi salvi da questo pericolo o segretamente sperarlo? No, non sarebbe giusto, né corretto. La mia premura nel chiamare gli uomini a porsi a servizio della divinità, a rendersi virtuosi mi ha messo in questa scomoda posizione e questo mi impone di essere pronto a sopportarne ogni possibile conseguenza.

Se questo stride con la vostra credenza di un messia imperituro, ciò significa che per voi la vita è qualcosa di immensamente grande e la morte qualcosa di così tremendo che non riuscite ad accettarla in un uomo che sia degno del vostro rispetto! Ma io pretendo forse rispetto per la mia persona? Pretendo fede in me? Intendo imporvi, come fosse una mia invenzione, un criterio per valutare il valore degli uomini e giudicarli?

No, quello che è mia intenzione destare in voi è il rispetto di voi stessi, la fede nella sacra legge della vostra ragione e il prestare ascolto al giudice interiore che risiede nei vostri cuori, alla coscienza, un criterio che è anche il medesimo adottato dalla divinità».

Dai farisei e dalla casa di Erode, vennero inviate a Gesù alcune persone per intraprendere con lui un colloquio nel quale potessero trovare motivo di denunciarlo alle autorità romane. Per rendersi conto quanto faziosa fosse la domanda che gli posero e quanto facilmente Gesù, nel rispondere, avrebbe potuto urtare contro questa autorità o contro i pregiudizi degli ebrei, ci si deve rammentare del modo di pensare ebraico, che trovava assolutamente insopportabile pagare, a un principe straniero, tasse che essi riconoscevano solo al loro Dio e al suo tempio.

E così, coloro che erano stati mandati da lui gli rivolsero la seguente domanda: «Maestro, sappiamo che sei onesto nelle tue dichiarazioni e altrettanto quanto tu ti attenga alla genuina verità senza mostrare riguardi per alcuno. Per cui, dicci, è giusto pagare le tasse all'imperatore romano?»

Gesù, avvistosi di quali fossero le loro intenzioni, rispose:

«Ipocriti, state forse cercando di cogliermi in fallo? Mostratemi una moneta! Bene, di chi è l'immagine che vi è riportata e la dicitura acclusa?»

«Dell'imperatore», osservarono quelli.

E Gesù: «Se riconoscete all'imperatore il diritto di coniare monete di cui fate largo uso, allora date a lui quello che gli compete e al vostro Dio ciò che vi è richiesto per servirlo degnamente».

Quella risposta, sufficientemente esplicativa, non dette modo a coloro inviati da lui di potergli addebitare alcun reato.

Quindi fu la volta dei sadducei, una setta ebraica che non credeva nell'immortalità dell'anima, i quali, volendo confrontare le loro convinzioni con quelle di Gesù, gli domandarono: «Secondo le nostre leggi, un uomo al quale un fratello è morto senza lasciare figli è tenuto a sposarne la vedova. Partendo da questo presupposto, una donna è andata in moglie a sette fratelli: se la vita si protrae ben oltre la vita terrena di chi sarà riconosciuta sposa?»

Gesù così replicò all'insulsa obiezione: «In questa vita gli uomini si uniscono in vincolo di matrimonio con una donna, ma coloro deceduti, una volta spogliati della loro veste terrena e divenuti puro spirito, non hanno necessità, in assenza di un corpo, di soddisfare simili bisogni».

Un fariseo, attirato dalle buone risposte di Gesù date a coloro che lo avevano interpellato, senza cattive intenzioni gli chiese quale fosse da ritenere il più alto principio della dottrina morale.

Gesù rispose: «Il primo comandamento dice che c'è un unico Dio, che sei tenuto ad amarlo con tutto il tuo cuore e a consacrare a lui la tua volontà. Il secondo, che è conseguenza del primo e lo completa, recita: ama il prossimo come te stesso. Ecco, un comandamento più alto non c'è».

Il fariseo, ammirato per l'ottima risposta ricevuta, osservò: «Tu hai risposto secondo verità. Consacrare a Dio tutta la propria anima e amare il prossimo come se stessi vale più di tutti i sacrifici e incensamenti!»

Gesù, rallegrato dalla buona disposizione morale dell'uomo, allora gli disse: «In questa tua disposizione morale, non sei lontano dal meritare di essere cittadino del regno di Dio, dove non si è tenuti a cercare la sua benevolenza per mezzo del sacrificio, di espiazioni, con un servizio fatto solo a parole o rinunciando a far uso della ragione».

Gesù, notata accanto ad alcuni ricchi che versavano ingenti somme una povera vedova, che lasciò due monete, disse: «Quella donna ha dato più di tutti perché, mentre gli altri hanno elargito ciò che per loro era il superfluo, lei ha depositato quel poco che rappresenta il suo intero patrimonio».

Questi tentativi condotti contro lui indussero Gesù a cogliere l'occasione per mettere in guardia il popolo e i suoi amici dai farisei: «I farisei e i dottori della legge si sono seduti alla cattedra di Mosè. Osservate le leggi che vi comandano, ma non seguite il loro esempio, né tantomeno il loro modo di agire, perché, sebbene essi maneggino le leggi di Mosè, sono i primi a disattenderle. Le loro azioni rispondono al solo scopo di darsi un'apparenza di rettitudine esteriore davanti agli uomini.

Essi, con il pretesto di pregare per loro, consumano i beni delle vedove, le sfruttano. Essi sono simili a sepolcri imbiancati che mostrano l'esterno dipinto di fresco, mentre dentro alberga la putrefazione; esteriormente si vestono di una parvenza di santità, ma nel profondo essi sono solo ipocrisia e ingiustizia».

In questo modo, Gesù riassumeva i rimproveri che, parlando loro uno a uno nelle occasioni che gli si erano presentate, aveva rivolto ai farisei.

Visitando le diverse parti del tempio, gli amici di Gesù non poterono fare a meno di ammirarne la magnificenza. Gesù, allora, disse loro che aveva il presentimento che questo pomposo servizio e quegli stessi edifici fossero giunti alla fine. Questa rivelazione impressionò molto coloro che ne vennero messi a parte e, quando si trovarono con lui sul Monte degli ulivi, da dove era possibile vedere le pregevoli architetture del tempio e gran parte della città, gli chiesero: «Quando accadrà ciò di cui ci hai parlato? E da cosa potremo riconoscere che sta per compiersi il regno del Messia?»

Gesù rispose loro: «Questa spasmodica attesa del messia

esporrà i miei conterranei a ulteriori pericoli, i quali, congiuntamente agli altri pregiudizi e alla cieca ostinazione con cui si reputano degni di fiducia, spianeranno la strada alla loro totale rovina, poiché questa speranza chimerica li renderà preda di scaltri impositori e visionari fuori di senno.

Guardatevi bene dal farvi trarre in inganno da tutto ciò. Sovente vi si dirà: 'Qui o là è atteso il messia', molti saranno lesti a farsi passare per lui e, fregiandosi di questo titolo, si erigeranno a condottieri di sommosse e a leader di sette religiose; annunceranno profezie, compiranno miracoli per rendere pazzi, ove sia loro reso possibile, anche i buoni; spesso si dirà: 'Là nel deserto si mostra l'atteso messia, mentre qui lo si tiene ancora nascosto nelle cripte', ma voi non fatevi trarre in inganno da queste cose, non seguiteli. Simili affermazioni e voci daranno adito a rivolte politiche e scismi della fede; la gente si schiererà da una parte o dall'altra e, in questa disposizione d'animo, ci si tradirà e odierà vicendevolmente. E, nel cieco zelo per i nomi e le parole, ci si riterrà giustificati a venir meno ai più sacri doveri dell'umanità.

Il dissesto dello Stato, la dissoluzione di tutti i legami dell'umanità e, di seguito, la peste e la carestia faranno di questo paese infelice una facile preda per i nemici esterni. E, allora, saranno guai per le donne in stato di gravidanza e i nascituri! Ecco, in queste tempeste, evitate di prendere posizione, perché molti saranno coloro contagiati da questo spirito d'impostura senza sapersene spiegare la ragione e, trascinati da quel vortice, tenderanno ad allontanarsi dalla moderazione, lasciandosi così coinvolgere nella rovina e nella distruzione della fazione che hanno sposato, senza possibilità di ritorno.

Fuggite, se non vi è possibile agire diversamente, da questo teatro di disgregazione e di freddezza, sottraetevi a tutte le relazioni domestiche, non indugiate nel soccorrere o salvare questo e quello, restate saldi ai vostri principi, perché il loro fanatismo può contagiare e avviluppare anche voi; ragione per cui predicate la moderazione, esortate all'amore, alla pace e non prendete le parti di alcuna di queste fazioni religiose o politiche. Non crediate mai di vedere compiuto in tali assembramenti o nelle associazioni che sorgono in nome della fede di una persona il piano della divinità, perché Dio non si limita a proteggere un solo popolo, o ad essere prerogativa di un'unica fede, ma abbraccia con amore imparziale l'intero genere umano.

Solo quando potrete dire che lui è riconosciuto e la sua volontà seguita in ogni luogo della terra, non a parole, ma nei fatti, e che ovunque ci si pone al servizio della ragione e della virtù, potrete dire di aver assolto alla vostra missione. Solo la speranza che tutto ciò si realizzi, e non la presuntuosa bramosia nazionalista degli ebrei, vi manterrà liberi dallo spirito settario, onesti e coraggiosi. In mezzo a queste divisioni, la vostra serenità e la vostra audacia trovino solido sostegno nella genuina virtù; vigilate, affinché non faccia breccia nel vostro cuore una falsa e indolente consolazione, che si fonda sull'attaccamento alle formule della fede, sull'asservimento alle parole, sulla puntuale osservanza dei cerimoniali di una Chiesa.

Altrimenti, accadrebbe come nel caso che segue. Dieci vergini attendevano, tenendo ognuna tra le mani una lanterna accesa, lo sposo, che doveva condurre colei che aveva appena presa in moglie a casa. Di queste, cinque si erano saggiamente rifornite di olio mentre cinque avevano scioccamente dimenticato di farlo. Dopo una lunga attesa, a notte tarda, finalmente l'arrivo dello sposo divenne imminente e le vergini, essendone informate intesero andargli incontro. Le cinque che non avevano olio di scorta corsero a cercare dove poterlo comprare, poiché le altre, più previdenti, ne avevano a sufficienza solo per se stesse. In loro assenza, alfine, giunse lo sposo e le cinque che avevano la lanterna accesa lo accompagnarono in casa per prendere parte al banchetto di nozze, mentre le altre che, seppure invitate, avevano fatto mancare il loro apporto alla cerimonia, ne furono escluse.

Allo stesso modo, voi non crediate sufficiente aver abbracciato una fede se, a questo, non fate seguire la cosa più importante, ovvero l'esercizio della virtù, e magari, nella necessità o nell'avvicinarsi della morte, rapidamente fate vostri alla rinfusa alcuni buoni precetti o pensate di farvi belli con meriti altrui, poiché ognuno, avendone a sufficienza solo per sé, non può cederli ad altri. Con la sola vostra fede chiesastica e la vana consolazione di accreditarvi meriti altrui non avreste scampo, una volta giunti al cospetto del santo giudice del mondo.

Io paragono il suo tribunale al tribunale di un re il quale, radunato il suo popolo, divide i buoni dai cattivi, come un pastore separa i montoni dagli agnelli, dicendo loro: 'Avvicinatevi a me, amici cari, godete della felicità di cui vi siete resi meritevoli, poiché ero affamato e mi avete saziato, ero assetato e avete placato la mia sete, quando ero straniero tra voi, mi avete accolto, nudo mi avete vestito, malato mi avete curato e prigioniero mi avete fatto regolarmente visita'.

Essi, allora, domanderanno colmi di meraviglia: 'Signore, quando mai ti vedemmo affamato e ti abbiamo saziato? Quando sei comparso nudo o straniero al nostro cospetto? Quando, ammalato o in carcere, ti abbiamo portato sollievo?'. Il re risponderà: 'Io premio ciò che faceste a ognuno dei più umili tra i miei e i vostri fratelli perché è come se lo aveste fatto a me!'.

E tuttavia agli altri dirà: 'Allontanatevi perché in questo sta la ricompensa delle vostre azioni. Quando avevo fame e sete non mi avete dato di che sfamarmi né di che dissetarmi, quando ero nudo, malato o in carcere non vi siete presi cura di me'. Allora anche questi, chiederanno: 'Quando ti vedemmo affamato e assetato, nudo, malato o in carcere, tanto da poterti rendere un servizio?'

Il re darà loro la medesima risposta: 'Ciò che non avete fatto per il più umile dei vostri simili, lo ripago come se non lo aveste fatto a me'.

In questo modo il giudice del mondo si pronuncia con coloro che venerano la divinità a parole, ma non nella sostanza».

Durante il giorno, Gesù aveva l'abitudine di trattenersi negli edifici e nei cortili del tempio mentre a sera si allontanava dalla città per raggiungere il Monte degli ulivi. Al sinedrio, che non osava arrestare Gesù quando si presentava in pubblico, giunse assai gradita l'offerta di Giuda, uno dei suoi dodici amici più intimi, di rivelare loro, in cambio di una certa somma di denaro, dove Gesù trascorresse la notte e di aiutarli a farlo loro prigioniero lontano da occhi indiscreti.

Nonostante i buoni insegnamenti che riceveva da Gesù, Giuda, incapace di migliorare la propria disposizione morale, era rimasto ancorato al suo peggior vizio: l'avidità. In un primo momento, egli era fiducioso di potersi arricchire non appena Gesù avesse instaurato il suo regno messianico, ma a poco a poco aveva realizzato che un regno di quel genere non era nelle ambizioni di Gesù. Così, defraudato di quella sua speranza, decise di trarre il maggiore guadagno possibile attraverso il tradimento.

Seguendo l'usanza degli ebrei, Gesù fece preparare in Gerusalemme un banchetto pasquale, dove una pecorella rappresentava la pietanza principe. Era quella per lui l'ultima sera che avrebbe trascorso con gli amici per cui volle dedicarla interamente a loro per lasciare una profonda impressione di sé.

All'inizio della cena, Gesù si alzò da tavola e, deposto il mantello e munitosi di un lenzuolo, deterse e asciugò i piedi a tutti i suoi discepoli (un'operazione questa che di solito veniva sbrigata dai servitori).

Pietro non voleva che egli si abbassasse a tanto, ma Gesù lo tranquillizzò assicurandogli che presto avrebbe compreso il motivo di questo suo gesto. Infatti, quando ebbe finito con tutti, disse: «Avete visto cosa ho fatto io, colui che voi definite il vostro maestro? Vi ho lavato i piedi e questo per darvi esempio di come sempre dovrete comportarvi tra voi. I principi regnanti amano dominare sugli altri e, per questo loro dominio, pretendono di essere riconosciuti quali benefattori del genere umano. Così non dovrete mai comportarvi voi. Nessuno si elevi o si prenda delle libertà sull'altro. Come accade tra amici, ognuno si mostri sempre cortese e servizievole e mai faccia pesare sull'altro il suo operarsi per lui, sottolineando il suo agire come un'opera di bene. Voi sapete ciò che può renderli felici e, se agite in questo senso, sarete ripagati con la stessa felicità. Così parlando, non mi riferisco a tutti voi perché stasera posso a ragione affermare che, tra coloro che siedono a questa tavola e dividono il pane con me, qualcuno mi tradirà».

Questo pensiero rattristò Gesù e mise in imbarazzo i commensali. Giovanni, che era il più prossimo a lui, gli chiese, allora, badando a non farsi sentire dagli altri, a chi si riferisse.

Gesù anche lui sussurrando gli disse: 'Colui al quale do questo pezzo di pane», per poi passarlo a Giuda, rivolgendogli le seguenti parole: «Quello che hai progetto di fare, realizzalo quanto prima».

Gli altri non comprendendo il significato di quelle parole, pensarono che Gesù avesse fatto riferimento a un qualche incarico affidato a Giuda in quanto tesoriere della compagnia. Ma quest'ultimo, probabilmente compreso che Gesù era al corrente del suo proposito, forse per timore di venire pubblicamente svergognato o perché riteneva che, prolungando la sua presenza a quella tavola, avrebbe avuto dei ripensamenti che lo avrebbero fatto recedere dal piano, lasciò in tutta fretta la compagnia.

Gesù, quando quegli si fu allontanato, disse: «Il vostro amico, miei cari, tra poco avrà assolto al suo compito, che il padre degli uomini lo accolga nella sua beatitudine. Per quanto mi riguarda, tra non molto io sarò strappato a voi. In eredità vi lascio il comandamento di amarvi l'un l'altro come io ho dato esempio di amare voi. Solo attraverso questo amore reciproco potrete distinguervi come amici miei».

Pietro chiese a Gesù: «Dove pensi di andare, visto che hai espresso la volontà di lasciarci?»

«Lungo la strada che percorrerò», rispose Gesù, «non ti è consentito accompagnarmi».

«Perché?», lo incalzò Pietro, «Pur di venire con te sono disposto a mettere a rischio la mia vita!»

«Vuoi sacrificare per me la tua vita? Ti conosco troppo bene», disse Gesù, «per non sapere che, per questo, non hai ancora forza sufficiente: e prima che faccia giorno, ne avrai la prova. Non mostratevi sgomenti perché vengo separato da voi. Onorate lo spirito che alberga in voi, ascoltate la sua voce genuina, perché così, anche quando vi troverete fisicamente lontani gli uni dagli altri, la vostra essenza rimarrà una e questo vi farà sentire sempre vicini. Fino ad oggi, sono stato il vostro maestro e la mia presenza ha guidato le vostre azioni. Ora vi abbandono, ma non vi lascio orfani: avete in eredità una guida che portate in voi stessi. Io ho risvegliato il seme del bene, che la ragione ha posto in voi e il ricordo dei miei insegnamenti, del mio amore verso di voi, saprà mantenere diritto in voi questo spirito di verità e di virtù, al quale gli uomini non rendono omaggio solo perché non lo conoscono e non lo cercano in se stessi. Siete divenuti uomini che, liberi da ogni influenza esterna, sono finalmente affidati a se stessi. E se anche io non sarò più tra voi, a guidarvi penserà il senso morale che vi è cresciuto dentro. Onorate la mia memoria, l'amore che ho sempre nutrito per voi, seguendo la via della rettitudine sulla quale vi ho condotto. A preservarvi dal cadere in errore penserà il sacro spirito della virtù, il quale, richiamando alla vostra memoria molte cose che non avevate compreso, darà ad esse un significato. Io vi lascio la mia benedizione, non un saluto di circostanza privo di un vero significato, perché voglio che il vostro avvenire sia ricco di frutti del bene. Che io vi lasci è per voi addirittura un vantaggio poiché, attraverso l'acquisita autonomia, vi sarà reso possibile maturare quell'esperienza che vi consentirà di avere piena fiducia in voi. Che io abbandoni la vostra compagnia non deve essere per voi motivo di tristezza, ma di gioia, perché mi dirigo verso un luogo migliore, dove lo spirito si tende verso l'elemento primo, fonte di ogni bene ed entra a far parte del suo regno infinito. Ho atteso lungamente questa piacevole cena in vostra compagnia per cui fate girare le vivande e brindiamo al nostro rinnovato patto di amicizia».

Quindi, secondo l'uso degli orientali, allo stesso modo in cui ancora oggi presso gli arabi viene stretto un vincolo di amicizia indissolubile mangiando dallo stesso pane e bevendo dallo stesso calice, distribuito ad ognuno il pane, dopo aver mangiato e fatto girare di bocca in bocca il calice, disse: «Quando mangerete insieme così, tra amici, ricordatevi del vostro vecchio amico e maestro. E come la Pasqua era per voi un'immagine della Pasqua che mangiarono i vostri padri in Egitto e il sangue un ricordo dell'offerta di sangue per l'alleanza, con il quale Mosè strinse un patto tra Geova e il suo popolo, così in avvenire celebrate con il pane il suo corpo, che egli sacrificò, e con il vino, il suo sangue versato! Conservate nella vostra memoria il ricordo di chi ha offerto la sua vita per voi e il mio esempio sia per voi un forte corroborante della virtù. Io vi vedo intorno a me come i tralci germogliati di una vite che, nutriti da lei, portano frutti in breve tempo e, separati da lei, conducono a maturazione il bene con la propria energia vitale.

Amatevi l'un l'altro, amate tutti gli uomini come io ho amato voi: che io sacrifichi la mia vita per il bene dei miei amici è prova tangibile del mio amore. Non vi chiamo più, e lo faccio intenzionalmente, discepoli o alunni, perché questi seguono il volere del loro educatore, spesso senza sapere la ragione per cui devono agire in un certo qual modo, mentre voi siete cresciuti abbastanza da rendervi autonomi e assoggettarvi alla sola voce della vostra volontà; se lo spirito dell'amore, se la forza che entusiasma me e voi è la medesima, porterete frutti certi sotto la sua virtuosa spinta.

Se vi perseguiteranno e vi maltratteranno, rammentatevi del mio esempio e del fatto che a me e a migliaia di altri non è toccata migliore sorte. Schierandovi dalla parte dei vizi e dei pregiudizi più diffusi, troverete amici a sufficienza, laddove, agendo nella virtù e dichiarandovi fautori del bene, attirerete odio e inimicizie. L'esistenza di un uomo retto è un rimprovero costante al male, il quale, avvertendolo forte, se non trova pretesto per perseguitare l'uomo probo, si serve dei pregiudizi per opprimerlo, convincendo sé e gli uomini che, avversando il bene, viene reso un servizio alla divinità. Tuttavia, lo spirito della virtù vi animerà, come un raggio proveniente da mondi migliori, sollevandovi al di sopra degli scopi meschini degli uomini.

Vi parlo di tutto questo adesso, affinché quanto accadrà non giunga a voi inaspettato. Come la paura di una partoriente muta in gioia quando ella ha dato alla luce una creatura nuova, così il dispiacere che proverete si trasformerà, un giorno non lontano, in beatitudine».

Poi, Gesù alzò gli occhi al cielo e disse: «Padre mio, la mia ora è prossima, l'ora di mostrare in tutta la sua dignità lo spirito, la cui origine sta nella tua infinità, e di far ritorno a te! La sua destinazione è l'eternità, l'elevarsi su tutto ciò che ha un inizio e una fine. L'ora di dare testimonianza, padre, dello stretto legame di parentela che lega il mio spirito al tuo, l'ora di nobilitare gli uomini ridestando nella loro coscienza il fine a cui sono chiamati. L'amore per te mi ha procurato amici, i quali hanno compreso che non è mai stata mia intenzione imporre agli uomini qualcosa di estraneo o arbitrario, che era la tua legge quella che ho insegnato, la quale risiede in segreto nel cuore degli uomini, anche laddove dagli stessi è ignorata. Il mio intento non è mai stato quello di acquisire onore e gloria divulgando qualcosa di mio, ma di ristabilire un rispetto andato perso per l'umanità; il mio orgoglio è stato il carattere universale dell'essere universale, la disposizione alla virtù di cui tutti godono! Oh, perfettissimo, abbi cura di loro! Fa che l'amore per il bene sia in essi la legge più alta che li governa, perché così saranno una cosa sola e rimarranno uniti a me e a te.

Io vengo a te rivolgendoti questa preghiera. Che la mia lieta disposizione d'animo scorra anche in loro. Io ho fatto conoscere ad essi la tua rivelazione e, poiché loro l'hanno accolta, il mondo li odia alla medesima maniera in cui odia me, che a quella rivelazione mi sono sottomesso.

Io non ti chiedo di togliere dal mondo coloro che ci avversano, una preghiera del genere non si addice al tuo regno, ma, se puoi, santificali con la verità che viene solo dalla tua legge. Il tuo alto richiamo a formare gli uomini alla virtù, che io ho seguito, lo depongo ora nelle loro mani, affinché lo rendano noto anche ad altri. Questo, nella speranza che in futuro non vi sia più alcuno inginocchiato a pregare davanti a un idolo, nella speranza che nessuno faccia delle parole o di una fede il vincolo di un'unione, legittima solo nella virtù e nel farsi più prossimi a te, alla tua santità!»

Terminato il discorso, Gesù e i suoi discepoli, come ogni notte, abbandonarono Gerusalemme per raggiungere, seguendo il Cebron, un piccolo corso d'acqua, una masseria di nome Getsemani situata nei pressi del Monte degli ulivi. Questo sito dove pernottavano, essendovi stato sovente con Gesù, era ben noto anche a Giuda.

Arrivato a destinazione, Gesù disse ai suoi discepoli di restare uniti, mentre lui, desideroso di abbandonarsi ai suoi pensieri, con tre di loro, si sistemò in un luogo più appartato. Qui, com'è naturale, Gesù, ripensando al tradimento congetturato dall'amico, all'ingiustizia perpetrata su di lui dai suoi nemici, alla durezza del destino che, di lì a breve, lo avrebbe atteso, scosso dalla paura, chiese ai suoi amici più cari di non abbandonarlo e vegliare con lui.

Inquieto passeggiava avanti e indietro, scambiando di tanto in tanto qualche parola con loro, svegliandoli persino, se li trovava addormentati. E, di quando in quando, rivolgendosi al padre supremo, diceva: «Padre mio, se è possibile, allontana da me l'amaro calice di sofferenza che mi attende».

Il sudore gli colava copioso dalla fronte. Poi, quando fu nuovamente dove i suoi discepoli riposavano, mentre li esortava a destarsi, sentendo che giungevano degli uomini, esclamò: «È tempo, il traditore si avvicina!»

E infatti si trattava proprio di Giuda che, accompagnato da uomini armati muniti di fiaccole, muoveva verso di lui.

Gesù, ritrovata compostezza, facendosi incontro a quelli, chiese: «Chi state cercando?»

Essi, risposero: «Gesù il nazareno». «Sono io», disse lui.

Quegli uomini, non sapendo se fosse egli l'uomo giusto, perplessi, gli chiesero conferma della sua identità.

Gesù rispose allo stesso modo, aggiungendo: «Prendete me, ma, vi prego, risparmiate i miei amici».

Si avvicinò quindi, Giuda, che non esitò a confermare con un cenno concordato con quegli uomini armati che colui che avevano di fronte era l'uomo che stavano cercando.

E così, strinse in un affettuoso abbraccio Gesù, al quale disse: «Salute a te maestro».

Gesù replicò: «Amico mio, mi tradisci con un bacio?»

A queste parole, i soldati immediatamente lo afferrarono. Pietro, presente alla scena, tirata fuori una daga con cui prese a colpire a casaccio nel mucchio di coloro che trattenevano Gesù, staccò un orecchio a un servo del sommo sacerdote. Gesù, per placare i suoi bollenti spiriti, lo ammonì: «Fermati Pietro! Rispetta il destino che la divinità ha in serbo per me». Gli altri amici di Gesù, quando si avvidero che il loro maestro, legato, veniva trascinato via da quella marmaglia, fuggirono. Tutti meno un giovincello che, svegliatosi di soprassalto e coperto nella fretta la sua nudità con un misero mantello, voleva seguire Gesù. Afferrato dagli sgherri, nonostante lo spavento, riuscì con un'abile mossa anch'esso a dileguarsi. Mentre lo conducevano in catene, Gesù disse ai suoi persecutori: «Siete venuti da me armati e mi avete tratto in arresto alla maniera di un brigante, quando sedevo tutti i giorni tra voi nel tempio e non mi avete toccato. Già, ma la vostra ora è la mezzanotte e l'oscurità l'elemento a voi più caro».

Gesù fu prima consegnato ad Anna, l'anziano sommo sacerdote suocero di Caifa e poi a quest'ultimo, sommo sacerdote nell'anno corrente, il quale, trovandosi in attesa del prigioniero a sinedrio riunito, raccomandava ai presenti quanto fosse doveroso sacrificare la vita di un uomo se questo si rendeva necessario per il bene del popolo.

Pietro, che aveva seguito il corteo da lontano, mai sarebbe riuscito ad avere libero accesso al palazzo, se Giovanni, frequentatore abituale della casa del sommo sacerdote, non avesse dichiarato all'ingresso che egli era con lui. Una guardia, osservandolo con sospetto, gli chiese: «Sei anche tu un seguace di quell'uomo?»

Pietro negò con decisione e, mescolatosi agli uomini che stazionavano all'ingresso, andò presso un braciere a scaldarsi con loro. Il sommo sacerdote, davanti al quale si trovava ora Gesù, gli rivolse diverse domande che riguardavano il suo insegnamento e i suoi discepoli.

Gesù, in merito, rispose: «Io ho insegnato nel tempio e nelle sinagoghe dove abitualmente tutti gli ebrei si riuniscono in preghiera. Non predico dottrine segrete, perché dunque mi chiedi queste cose? Domanda cosa hanno appreso da me coloro che sono venuti ad ascoltarmi!»

Uno degli inquisitori, ritenuta la risposta di Gesù arrogante, assestatogli una sberla, lo ammonì: «Non osare mai più mancare di rispetto al sommo sacerdote!»

Gesù con serena padronanza di sé disse a quegli: «Se non ho risposto correttamente mostrami in cosa ho sbagliato. Se, invece, ho risposto con esattezza perché mi colpisci?»

Per muovere dei capi d'accusa a Gesù erano stati convocati numerosi testimoni, ma i sacerdoti non poterono avvalersi delle deposizioni raccolte perché, in molte, non si ravvisavano reati evidenti e le altre che potevano servire alla causa andavano sovente in contraddizione tra loro.

Quindi, si presentarono alcuni che dichiararono di aver udito Gesù parlare del tempio in modo irriverente, ma anche essi non concordavano nel riferire le espressioni da quegli usate. Gesù, calmo, assisteva in silenzio. Spazientito, alfine, il sommo sacerdote, fattosi da presso a lui, gli disse: «Perché non rispondi a tutte queste accuse? Ti scongiuro, dicci almeno se sei un consacrato, un figlio della divinità».

«Sì, lo sono», confermò Gesù, «e quest'uomo disprezzato, che era consacrato alla divinità e alla virtù, lo vedrete un giorno vestito di beatitudine elevato al di sopra delle stelle».

Il sommo sacerdote allora, prendendo a stracciarsi le vesti, gridò: «Egli ha bestemmiato Dio, che bisogno abbiamo di ulteriori testimonianze? Avete udito tutti cosa è uscito dalle sue labbra. Qual è il vostro giudizio?»

«Quest'uomo per la sua colpa merita la morte», così si espresse il sinedrio.

Per gli sgherri che avevano eseguito l'ordine di imprigionarlo, questa sentenza fu come un segnale che conferiva loro il diritto di irridere e maltrattare Gesù, che venne lasciato alla loro mercé, perché il sinedrio si sciolse per riunirsi l'indomani di primo mattino.

Nel mentre Pietro, che si trovava ancora vicino al fuoco, fu riconosciuto da una donna che svolgeva servizio presso il sommo sacerdote. Questa, fattosi largo, indicandolo disse ai presenti: «Quell'uomo è uno dei seguaci del prigioniero».

Pietro rispose all'accusa mossagli con un rinnovato e fermo: «No», ma un servo, in legame di parentela con quello a cui, poche ore prima, Pietro aveva mozzato un orecchio, lo incalzò:

«Non eri con Gesù alla masseria?»

Altri osservarono che il suo accento ne tradiva le origini di galileo e che non era un volto nuovo. Con tante circostanze che vertevano a suo sfavore Pietro, impaurito da una situazione che per lui si faceva sempre più critica, affermò gridando che non capiva cosa volessero da lui spingendosi persino a giurare pubblicamente più e più volte che lui non conosceva affatto quell'uomo di cui lo ritenevano amico.

Mentre il canto dei galli già annunciava l'imminente alba, il prigioniero venne scortato vicino a dove si era posizionato Pietro, proprio mentre quegli terminava la sua arringa difensiva che mirava a disconoscerlo. Gesù, quando fu da presso a lui, gli rivolse uno sguardo dal quale Pietro comprese quanto fosse stata biasimevole la sua condotta e, ripensando alle parole del maestro della sera precedente, quando aveva messo in dubbio la sua fermezza e coraggio qualora fosse stato messo a dura prova, si allontanò piangente, divorato dai sensi di colpa.

Le poche ore della notte trascorsero e il sinedrio si riunì nuovamente perché, pur avendo riconosciuto Gesù meritevole di morte, non erano legittimati a emettere, né a far eseguire una sentenza del genere. Si recarono allora da Pilato, il governatore romano di quella provincia, al quale consegnarono Gesù onde evitare che la notizia del suo fermo fosse causa di disordini tra la popolazione quando ancora quegli si trovava nelle loro mani.

Giuda, quando seppe che, per Gesù, era stata richiesta la pena di morte, pentito del suo tradimento, si recò dai sacerdoti ai quali, dopo che ebbe restituito le trenta monete d'argento prezzo dell'infamia, disse: «Ho agito erroneamente, colui che vi ho consegnato è un innocente».

In risposta gli fu detto di non darsene pena e che ciò che avrebbero fatto di quell'uomo non era sua responsabilità.

Giuda, compresa appieno la gravità della sua condotta, appena uscito dal tempio, decise di mettere fine ai suoi tormenti lasciandosi penzolare nel vuoto con il collo cinto da una corda. I sacerdoti, recuperato il denaro con cui avevano comprato Giuda, poiché era il prezzo del sangue, si fecero scrupolo di utilizzarlo per acquistare un appezzamento di terra che destinarono a luogo di sepoltura per gli stranieri.

Essi, recatosi presso il palazzo di Pilato, non vi entrarono poiché, essendo giorno di festa, ciò sarebbe valso a renderli impuri. Fu il governatore romano a uscire nell'atrio per farsi incontro a loro chiedendo: «Di quale crimine accusate quest'uomo del quale richiedete la condanna?»

«Se non fosse un incallito malfattore», risposero i sacerdoti, «non ci saremo dati l'incomodo di consegnarlo a te».

Pilato replicò: «Se le cose stanno in questo modo, allora processatelo e giudicatelo secondo le vostre leggi».

«A noi non è concesso emettere una sentenza di morte», fecero osservare i sacerdoti.

Pilato, a questo punto, compreso che il prigioniero si era reso responsabile di azioni talmente gravi da richiederne la massima pena, non potendosi rifiutare di emettere giudizio, si fece esporre le accuse rivolte a quegli dal sinedrio.

Il consiglio degli ebrei, consapevole del fatto che non avrebbero ottenuto da Pilato la condanna capitale se avessero accusato Gesù di ciò che, per la concezione ebraica, rappresentava una bestemmia rivolta alla divinità, ovvero il dichiararsi figlio della stessa, dissero che l'imputato istigava il popolo alla rivolta contro i romani, lo incitava a non riconoscere i tributi all'imperatore e rivendicava per sé il titolo di re.

Pilato, preso atto dei capi di accusa, ritiratosi nel palazzo per riflettere sulla decisione da prendere, fece condurre a sé Gesù, al quale chiese: «È vero che ti definisci re del popolo ebraico?»

Gesù in risposta gli domandò: «Hai avuto tu stesso motivo di sospettare che io mi faccia passare per tale, o me lo domandi perché altri mi accusano di questo?»

Pilato rispose: «Sono io forse un ebreo, per attendermi che la vostra nazione possa avere un re? Il tuo popolo e i sacerdoti ti accusano di esserti auto proclamato regnante. Cosa hai fatto per dare loro motivo di condurti a giudizio da me?»

E Gesù: «Essi mi accusano di presentarmi come rappresentante di un regno, ma quest'ultimo non trova riferimento nel concetto solitamente di regno vero e proprio, altrimenti i miei seguaci, per non farmi cadere tra le grinfie degli ebrei, avrebbero combattuto».

Pilato osservò: «Quindi c'è del vero nelle accuse, visto che hai fatto riferimento a un regno del quale ti ritieni un governante, come io lo sono del mio».

«Se vuoi metterla in questi termini è così. Io credo di essere venuto al mondo per insegnare la verità e fornirle seguaci. Quanti hanno imparato ad amarla prestavano ascolto alle mie parole».

«Cos'è la verità?», chiese Pilato con il fare dell'uomo di corte che, miope eppur sorridente, giudica cose serie. Di certo, egli riteneva Gesù un visionario, disposto a sacrificarsi per un qualcosa per lui privo di significato, e considerava la faccenda come una questione inerente alla sola religione seguita dagli ebrei. Ragione per cui, appurato che non sussistevano infrazioni della legislazione civile e l'imputato non rappresentava un pericolo per la sicurezza dello Stato, fece sapere agli ebrei di non aver ravvisato alcuna colpa nell'uomo che gli avevano consegnato.

Questi ripeterono le loro accuse, ovvero che Gesù, con il suo insegnamento, fomentava disordini in tutto il paese, dalla Galilea fino a Gerusalemme.

A Pilato non sfuggì il far riferimento alla Galilea dei sacerdoti. E quando, su sua esplicita richiesta, venne informato che quell'uomo era un galileo, essendo quella regione sottoposta a Erode, colse l'occasione per sgravarsi di quel fastidioso fardello.

Erode, che si trovava a Gerusalemme per le festività, fu ben contento di occuparsi di Gesù, di cui tanto aveva sentito parlare e in presenza del quale confidava di assistere a qualche prodigio.

I sacerdoti rinnovarono le loro accuse ed Erode, rivolte all'imputato molte domande che non ebbero risposta, si divertì a beffeggiarlo, facendogli posare addosso dai suoi cortigiani una veste degna di un principe. Poi, venuto poco a poco meno l'iniziale entusiasmo con cui aveva accolto la novità, Erode, non sapendo cosa fare di un uomo che, seppure degno di divenire oggetto di scherno, non meritava altro castigo, lo rispedì a Pilato.

Se da un lato l'attenzione di Pilato nel rispettare la giurisdizio-

«Se lasci libero quest'uomo», dissero, «mostri infedeltà a Cesare perché chi si definisce re, mettendone in discussione l'autorità, incita alla rivolta».

Pilato, fatto condurre a sé Gesù e mostratolo alla folla, gridò: «Guardate il vostro re! Devo io farlo inchiodare a una croce?»

«Crocifiggilo! Noi non riconosciamo altro regnante che Cesare!»

Quando Pilato si avvide che gli animi sempre più scaldandosi facevano temere disordini, forse un'insurrezione, alla quale gli ebrei potevano dare un'apparenza di zelo nei confronti di Cesare, per lui estremamente pericolosa, e che gli ebrei erano inamovibili nella loro decisione, fatta portare una bacinella d'acqua in cui si deterse pubblicamente le mani, disse: «Io non mi assumo la responsabilità del sangue di questo uomo retto. Sta a voi risponderne!»

Gli ebrei gridarono: «Ne risponderemo! Che la sua morte ricada su di noi e i nostri figli!»

La vittoria degli ebrei era decisa: Barabba fu così immediatamente liberato e Gesù condannato a morte tramite crocifissione (un tipo di esecuzione all'epoca considerata disonorevole come oggi lo è l'impiccagione).

Gesù venne lasciato alla mercé dei soldati che lo irrisero e lo maltrattarono a più riprese, fino a quando non giunse il momento di incamminarsi verso il luogo del supplizio. Il condannato di solito era tenuto a trascinare da sé il palo a cui sarebbe stato affisso, che tuttavia questa volta, in via eccezionale, sgravato dalle spalle di Gesù, fu affidato a un uomo di nome Simone che, al momento, si trovava di fianco a lui.

Ad assistere all'evento, accorse un'ingente folla: gli amici di Gesù, non osando avvicinarsi a lui, lo seguirono a distanza e, mescolati tra la gente, assistettero all'esecuzione.

Più prossime a lui erano diverse donne che, avendolo conosciuto, piangevano e si lamentavano.

Gesù, avanzando penosamente, così si rivolse loro: «Non piangetemi donne di Gerusalemme, ma disperatevi per voi stesse e per i vostri bambini; verranno tempi in cui le donne senza figli, i seni che non hanno mai allattato e le donne che non hanno mai partorito saranno considerati felici. Vedete ciò che è accaduto a me e chiedetevi: fin dove potrà spingersi un popolo animato da un simile spirito?»

A Gesù, la cui croce fu innalzata tra quelle di due delinquenti che ne condividevano la sorte, furono inchiodate le mani al legno, mentre i piedi, presumibilmente, gli vennero legati.

Durante la cruenta operazione, Gesù gridò: «Padre perdonali perché non sanno quello che fanno!»

Le sue vesti, come generalmente avveniva in questo genere di esecuzioni, se le spartirono tra loro i soldati. Pilato fece affiggere sulla croce di Gesù una scritta che in lingua ebraica, in greco e in latino riportava: «Questo è il re dei Giudei». La cosa non risultò gradita ai sacerdoti, i quali pensavano che sulla testa di Gesù dovesse essere riportato soltanto che egli aveva preteso di spacciarsi per tale.

Pilato, ancora pieno di risentimento per quella sorta di ricatto subito dal sinedrio, che lo aveva costretto a mandare a morte un innocente, appurato con piacere che quella dicitura risultava umiliante per i sacerdoti, alla richiesta inoltratagli da quelli di cambiarla, tuonò: «Resta quella che ho comandato!»

Nel frattempo, Gesù, oltre che al dolore fisico, si trovava esposto allo scherno trionfante della plebaglia ebrea e degli aristocratici e alle rozze battute rivoltegli dai soldati romani. La condivisione della stessa tragica sorte non rese più amichevole verso di lui nemmeno uno dei due delinquenti che penzolava a una delle croci di fianco alla sua, il quale non esitò un istante a unire la sua voce a quella della folla che lo irrideva senza sosta. Diversamente da quegli, il condannato affisso sull'altra croce, nonostante i crimini di cui si era reso responsabile, mostrando che in lui un sentimento e una coscienza sopravvivevano, dopo aver rimproverato duramente il primo per il comportamento tenuto, nella circostanza, verso un uomo che come loro soffriva, disse: «La nostra condanna viene in conseguenza di misfatti che abbiamo compiuti, ma quest'uomo è innocente».

E, rivolto a Gesù, continuò: «Ricordati di me quando sarai nel tuo regno».

«Presto», ribatté Gesù, «i campi della beatitudine accoglieranno entrambi».

Sotto la croce, particolarmente provata, stava la madre di Gesù con alcune sue amiche: tra coloro più intimi con Gesù il solo Giovanni si trovava lì a condividere il dolore delle donne. Gesù, quando li vide insieme, disse alla madre: «Consideralo come fosse tuo figlio, in vece mia».

E a Giovanni: «Abbi cura di lei come se fosse tua madre».

Giovanni, che accolse nella sua casa la donna e si occupò di lei, non mandò deluse le aspettative dell'amico morente.

Trascorse alcune ore, sopraffatto dal dolore, Gesù gridò: «Dio, Dio mio, perché mi hai abbandonato?»,

E dopo che, per placare la sete, ebbe ingerito un po' di aceto di cui era stata imbevuta una spugna, disse ancora: «Tutto è compiuto. Padre mio, rimetto il mio spirito a te».

Quindi, chinato il capo, spirò.

Persino il centurione romano che aveva comandato l'esecuzione si dichiarò ammirato per la serena compostezza e l'estrema dignità con cui Gesù morì.

Dato che il decesso di coloro condannati alla crocifissione di solito avveniva molto lentamente e spesso alcuni, dopo diversi giorni, ancora si trovavano in vita, e poiché il giorno a venire cadeva un'importante festività ebraica, gli ebrei chiesero a Pilato che ai condannati fossero spezzate le gambe, affinché il mattino seguente, tirati via i cadaveri, non vi fossero più corpi affissi alle croci. Questo particolare trattamento fu riservato ai due delinquenti agonizzanti di fianco a Gesù, perché ancora perseveravano in vita, quando di lui, colpito con la punta di una lancia al torace da cui fuoriuscì un liquido acquoso frammisto a sangue, si ebbe prova certa che era morto.

Giuseppe di Arimatea, un membro del sinedrio di Gerusalemme, segretamente amico di Gesù, pregò Pilato di affidargli la salma.

Pilato accolse questa sua richiesta e Giuseppe, con l'aiuto di Nicodemo, tratto dalla croce il corpo di Gesù, dopo averlo cosparso di mirra e aloe, lo avvolse in un lenzuolo di lino. Da lì, lo trasportarono poi fino alla tomba di famiglia, che, scavata nelle rocce del suo giardino, si trovava poco lontano dal luogo in cui era avvenuta l'esecuzione, dove poterono tumularlo prima dell'inizio della festa, giorno nel quale non era permesso avere a che fare con i morti.

NOTA BIOGRAFICA

1770. Nasce a Stoccarda, allora capitale del Granducato del Württemberg, il 27 agosto da famiglia borghese benestante di fede luterana.

1777-1787. Frequenta il Realgymnasium di Stoccarda. Nel 1784 muore la madre.

1788-1793. È borsista al collegio teologico di Tubinga. Il corso di studi, articolato in biennio di filosofia e triennio di teologia, rilascia il titolo di dottore in teologia. Ha per condiscepoli il filosofo Schelling e il grande poeta romantico Hölderlin.

1793-1797. Sconsigliato di seguire la carriera ecclesiastica, si impiega come precettore a Berna presso la famiglia von Steiger.

1797-1800. Grazie all'interessamento di Hölderlin rientra in Germania ed è precettore a Francoforte presso la famiglia Gogel. Risalgono agli anni 1795-1799 gli scritti teologici giovanili, fra cui *La vita di Gesù* (1795) e *Lo spirito del cristianesimo e il suo destino* (1799). Nel 1799 muore il padre. *L'eredità paterna* gli consente di lasciare il precettorato e di dedicarsi interamente agli studi e all'attività accademica.

1801. Su invito e col sostegno di Schelling, già celebre filosofo, si trasferisce a Jena dove ottiene l'abilitazione all'insegnamento universitario con una dissertazione *Sulle orbite dei pianeti*. Pubblica *La differenza tra il sistema filosofico di Fichte e quello di Schelling*, con cui si segnala sulla scena filosofica tedesca.

1805. È nominato professore straordinario di filosofia. 1807. Pubblica la prima opera cui si deve la sua fama, la *Fenomenologia dello spirito*. Rompe con l'amico Schelling, oggetto di irriverente critica nella prefazione all'opera.

1808-1816. È rettore del ginnasio di Norimberga, in cui insegna filosofia. Nel 1811 sposa Maria von Tucher, da cui ha due figli. Pubblica, negli anni 1812, 1813 e 1816, i tre volumi della *Scienza della logica*.

1816-1818. Insegna all'università di Heidelberg.

Nel 1817 pubblica la *Enciclopedia delle scienze filosofiche* in compendio.

1818. Succede a Fichte nella cattedra di Filosofia dell'università di Berlino. I corsi berlinesi sulla filosofia della religione, della storia, sulla storia della filosofia, l'estetica sono pubblicati dai discepoli dopo la sua morte.

1829. Diviene rettore dell'università di Berlino.

1831. Muore di colera il 14 novembre, a sessantuno anni.

INDICE

*Usa il QR code
e scopri gli altri titoli della stessa collana*